爱上动手的科学书

勇敢的消防员

【法】西尔维娅·吉勒玛　娜塔莉·萨维 等 / 文
【法】托马·巴阿斯　雷米·萨亚尔 等 / 图
黄凌霞 / 译

人民文学出版社　天天出版社

科学我知道

著作权合同登记：图字 01-2014-8065

YOUPI SERIES
Les pompiers© Editions Bayard, 2013
Simplified Chinese translation copyright © 2015 by Daylight Publishing House
ALL RIGHTS RESERVED

图书在版编目（CIP）数据

勇敢的消防员 . 科学我知道 / (法) 西尔维娅·吉勒玛等文 ; (法) 托马·巴阿斯等图 ; 黄凌霞译 . —— 北京 : 天天出版社 , 2019.7
（爱上动手的科学书）
ISBN 978-7-5016-1519-3

Ⅰ.①勇… Ⅱ.①西… ②托… ③黄… Ⅲ.①科学知识—儿童读物
Ⅳ.①Z228.1

中国版本图书馆CIP数据核字(2019)第096183号

责任编辑: 刘　馨　　　　　　　　　　**美术编辑:** 邓　茜
责任印制: 康远超　张　璞

出版发行: 天天出版社有限责任公司
地址: 北京市东城区东中街42号　　　　　**邮编:** 100027
市场部: 010-64169902　　　　　　　　**传真:** 010-64169902
网址: http://www.tiantianpublishing.com
邮箱: tiantiancbs@163.com

印刷: 北京博海升彩色印刷有限公司　　　**经销:** 全国新华书店等
开本: 880×1320　1/32　　　　　　　　　**印张:** 17.5
版次: 2019 年 7 月北京第 1 版　　**印次:** 2019 年 7 月第 1 次印刷
字数: 200 千字　　　　　　　　　　　　**印数:** 1-6,000 册

书号: 978-7-5016-1519-3　　　　　　　**定价:** 200 元(全 20 册)

这本书属于：

亲爱的小朋友：

　　你了解花园、飞机的发展历史吗？你参观过消防队、杂技团吗？你知道农场、河流、树木、食物、时间的秘密吗？

　　就让我们一起跟着这套精美的"爱上动手的科学书"来了解它们的发展历史，解开它们的秘密，并和爸爸妈妈一起进行有趣的实验操作、制作好玩的玩具吧。

　　小朋友，我们一起把科学快乐地"玩"儿起来吧！

天天出版社

我明白了

你可能在路上见过消防车，可是你知道消防员的日常生活吗？这本书将带你走进消防员的工作中。

消防员的一天

消防大队

你好！我叫埃里克，是一名消防员。这里是我工作的消防队，今天我值班。我要值一天一夜的班，因为任何时候都可能会有人给消防队打电话，报告火灾或者要求救助伤员。现在我给你讲讲我这一天都会做什么。

*法国的消防报警电话为18，而我国为119。

现在是早上7点。新的一天开始了。我们在操场上集合立正，
在队长点名后，我们被分成几个小组。

今天，我和马克、安娜在一组，我们乘坐的是1号消防车。
首先我们要确认车上救助伤员的物品是否都带齐了。

消防车检查完毕后，现在开始体能锻炼。我们必须每天都保持好的身体状态。

突然，警报响了。今天报警电话是吕克值班，是他拉响了警报。他接到一个电话：一个男人在车祸中受伤了。快，我们出发！

我们到达车祸现场时，另一组消防员开着道路救援车已经赶到了。在救援车上有一块牌子，警告后面的车辆减速慢行。

经过初步检查，伤员的身体有几处骨折，但都不是很严重。我们把他放到特制的担架上，固定好他的身体，确认不会移动后，就迅速把他送往医院。

今日菜单

随后，我们回到消防队。现在是吃饭时间。在去食堂之前，我先给消防车补充了绷带和药品。

下午，我们打扫了消防队，我还负责检查消防水管是否有破洞。警报再次响起，另一组消防员出发了，他们要去抓一匹跑到公路上的马。

而此时我们正在授课室对着整个城市的地图，用心记着每一条街道的名字，为的是在需要的时候能以最快的速度到达那里。

晚上，我很早就吃完晚饭，回到休息室休息。临睡前，我把制服整理好，一旦有警报，我就能飞快地穿上衣服去执行任务。

凌晨两点，警报声突然把我惊醒！我来不及细想，迅速穿好制服，从一根杆上滑了下去，这比走楼梯快得多。

原来是市中心的一处公寓发生了火灾！几乎所有的消防车都出动了。我从车上的电台得知这次火灾来势凶猛。

我们赶到现场时，火焰正从四楼的窗户冒出来。云梯已经搭好，有的消防员解开了消防车的水管，开始给公寓喷水灭火。我们迅速朝大厦的入口处跑去，因为可能有人被困在楼里了！

楼梯间充满了浓烟。我们找到了一位晕倒的女士，用担架把她抬了出来。因为戴着呼吸器（消防面具），我们能安全地呼吸。

终于，火被扑灭了！我们很疲惫，但也很高兴。我们成功阻止了大火向周围的大厦蔓延，但是这一晚的工作并没有结束，我们还要准备下一次救援。

消防车的构造

消防车的左侧有一个大箱子，那里面装着水管、灯以及各种救援工具。

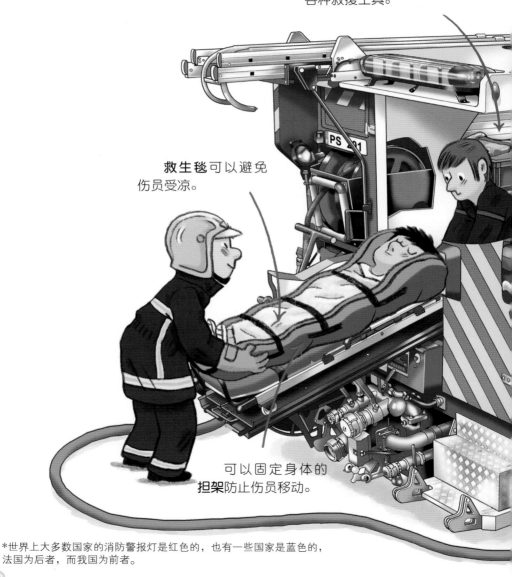

救生毯可以避免伤员受凉。

可以固定身体的担架防止伤员移动。

*世界上大多数国家的消防警报灯是红色的，也有一些国家是蓝色的，法国为后者，而我国为前者。

12

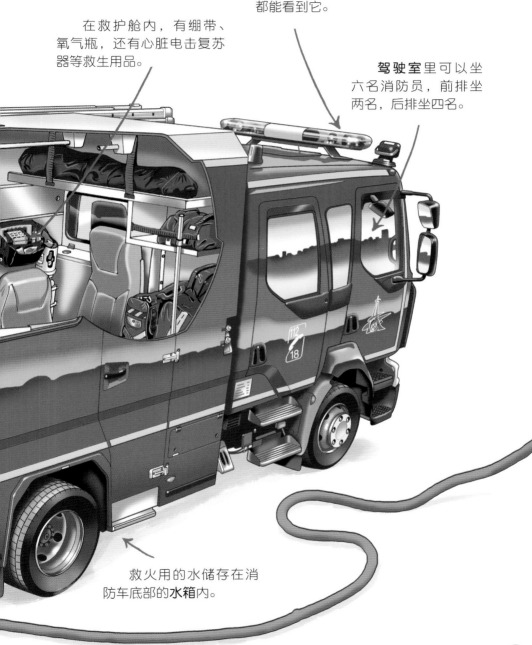

在救护舱内，有绷带、氧气瓶，还有心脏电击复苏器等救生用品。

警报灯在行驶中会一边鸣笛一边闪烁，这样远处的司机都能看到它。

驾驶室里可以坐六名消防员，前排坐两名，后排坐四名。

救火用的水储存在消防车底部的水箱内。

消防车的故事

最早的消防车出现在200多年前，当时的消防车是用马车或者人力车充当的。

最早的消防汽车出现在100多年前。

今天，消防车已经多种多样：

道路救援车

云梯车

森林消防车

消防水罐车

警报！
森林着火了

　　保罗是消防队队长。他刚接到一个报警电话：森林起火了！
负责监视森林火情的消防员发现了浓烟。快，保罗马上开始组织
这次救火行动！

保罗在地图上画出了火情位置，并立刻制订出了作战计划。图钉代表已经到达现场的消防队的位置。

然后保罗拉响了消防车的警报器，朝火灾现场飞速前进。他用对讲机通知了一个可能会被火灾威胁的村庄的村长。

保罗他们已经接近火灾现场了，空气中弥漫着树木燃烧的味道。他迅速跟当地的警察和护林员讨论了火情。警察封锁了道路，护林员将给消防员们带路。

随后，保罗登上了一架直升飞机。为了能更好地指挥救火行动，他需要在空中观察火情。

　　很快，直升飞机起飞了！保罗指挥着一架森林灭火机从空中浇水灭火。突然，他发现有一所房子离火灾现场很近，非常危险！

他用对讲机问："增援的消防水罐车到哪里了？"
　好在他们快到了，他们被一辆停在马路中间的汽车给耽搁了。

保罗到了阻碍消防车通过的汽车旁，但是车主去哪儿了？
如果他去森林里散步了，那就有生命危险。一定要赶快找
到他！

把汽车移到路边后，消防水罐车开到了森林里，消防员们铺
开了水管，开始向燃烧的树林喷水。

加油！与火灾战斗！冒着浓烟的森林里不时传来树木倒地时发出的巨大声音，消防员们的呼吸也变得困难了。

消防员们穿着特殊的防护装备保护自身安全。

安全头盔和
护目镜

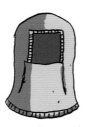

只露出双眼的
风雪帽

消防防护服

消防靴

保罗来到他在直升飞机上看到的那所房子。此时房主正抽取游泳池里的水向浓烟飘来的方向喷射，这样可以将他的房子与大火隔离开，保罗称赞了房主的做法。

浓烟中出现了几个人影，原来是乱停车的那几个车主，两名消防员找到了他们。保罗终于松了一口气。

　　终于，消防员们扑灭了大火！他们已经累得筋疲力尽。但仍有一些消防员需要留在原地保证火星不再复燃，因为天气预报说第二天会刮大风。

　　但是保罗并不担心，因为他知道只要有需要，所有的消防员们就会再次投入战斗。

防火小知识

只要按照下面的安全建议，你也能帮助消防员防火，但一定要小心。

如果你看到森林里起火了，赶快拨打电话通知消防队。

不要在森林周围用火。

火灾发生时，你要远离现场，不要影响消防员救火。

在起风的日子不要去森林里玩，因为大风会扇起火苗。

生活就是一本百科全书，火警电话不全是119，马戏团的小丑要戴红鼻头，农场里的母鸡能孵出小鸡，超市里买来的鸡蛋只会变成臭鸡蛋！这是为什么？那是为什么？生活中这样的趣味知识比比皆是。用一双好奇的眼睛来打量这个世界，一切都变得妙趣横生。百科即生活，生活是百科。与孩子一起来体验奇妙的生活百科，收获的不仅仅是知识，更有快乐和梦想。

——史军（果壳阅读图书策划人，科学松鼠会成员，植物学博士，出版多部畅销科普图书）

这套书强调的是和孩子进行互动，先看、后听、再理解，然后动手做相关的小制作和小活动，不仅文图精致，而且活动恰当，有吸引力，让孩子们一书多用。相信孩子们一定会喜欢这套"动眼、动口、动脑还动手"的少儿科普书。

——段玉佩（北京四中生物老师，科学松鼠会成员，央视少儿频道的常驻嘉宾，参加《芝麻开门》等多个科普节目）

这套书既介绍了大自然中有趣的博物学常识，又介绍了为我们的现代化生活提供便利的产业和职业，从而向孩子们呈现了现代世界的完整面貌。表面看来，这些知识全都围绕着日常生活打转——蔬菜水果啦，树木啦，餐具啦，钟表啦……然而，从这些孩子们常常接触、甚至是每天接触的东西出发，每一分册都对相关的一个知识领域做了纵深发掘。有些知识甚至是成人都未必知道的。

——刘夙（中国科学院植物研究所博士，果壳网知名作者，上海辰山植物园科普部工程师，科普作家）

对于低龄小宝贝而言，用这套书做科学启蒙最适合不过了。不同于市面上一般的低幼科普，这套书不仅仅涵盖了广泛的自然科学，还把相关的人文历史知识自然地融合其间。最难能可贵的是，颇具幽默感的多种互动和手工，牢牢抓住了小宝贝的兴趣点和心理需要。

——张欣（妈咪宝贝传媒主任编辑）

这套源于生活、用于生活的科普图画书实现了"学"与"玩"的结合，让孩子们真正"在学中玩，在玩中学"，在阅读、游戏、实验、手工中快快乐乐地学科学。

——王雁（华东师范大学学前教育博士）

绿色印刷　保护环境　爱护健康

法国第一亲子科学书

爱上动手的科学书

奇妙的水循环

【法】西尔维娅·吉勒玛　娜塔莉·萨维 等 / 文

【法】托马·巴阿斯　雷米·萨亚尔 等 / 图

黄凌霞 / 译

人民文学出版社 天天出版社

科学我知道

著作权合同登记：图字 01-2014-8065
YOUPI SERIES
La rivière © Editions Bayard, 2013
Simplified Chinese translation copyright © 2015 by Daylight Publishing House
ALL RIGHTS RESERVED

图书在版编目（CIP）数据

奇妙的水循环 . 科学我知道 /（法）西尔维娅·吉勒玛等文 ;（法）托马·巴阿斯等图 ; 黄凌霞译 . -- 北京 : 天天出版社 , 2019.7
（爱上动手的科学书）
ISBN 978-7-5016-1519-3

Ⅰ . ①奇… Ⅱ . ①西… ②托… ③黄… Ⅲ . ①科学知识—儿童读物
Ⅳ . ① Z228.1

中国版本图书馆CIP数据核字(2019)第096186号

这本书属于：

亲爱的小朋友：

　　你了解花园、飞机的发展历史吗？你参观过消防队、杂技团吗？你知道农场、河流、树木、食物、时间的秘密吗？

　　就让我们一起跟着这套精美的"爱上动手的科学书"来了解它们的发展历史，解开它们的秘密，并和爸爸妈妈一起进行有趣的实验操作、制作好玩的玩具吧。

　　小朋友，我们一起把科学快乐地"玩"儿起来吧！

天天出版社

我明白了

你知道小河从哪里来流到哪里去吗？你知道水对动物、人类乃至整个自然界都非常重要吗？翻开这本书你就明白啦。

小溪的行走

你好！你看到小溪了吗？那就是我！我刚刚出生在大山的怀抱里。动物们在饮用我。我非常纯净。即使在夏天我也很凉，因为我是由冰雪融化而成的。

3

当我路过的地方比较陡峭时，我就成了激流。其他小溪汇聚到我的身体里，我就长大了。人们可以在我的身上划独木舟。

再往下游走，没有了陡坡，我就成了一条河。很早以前，我曾经让水车转动，帮助人们碾麦子或锯木头。

人们建造水坝，把我的路拦住，利用我进行发电。我就变成了湖泊，人们可以在那里游泳和玩帆船。

经过水坝之后，我继续往前走。我重新变成了一条河。农民用我浇灌庄稼。

任何地方的任何人的生活都离不开水。人们要喝水，要做饭，要洗澡。于是，人们用水泵把我抽出来，经过工厂净化后，再输送到自来水水管里。

下雨的时候，落到地上的雨水也汇聚到了我的身体里，我就会又长大一些。但是这些雨水会把农田里的化学品带进我的身体，我被污染了。

　　有时候，雨下得太大，我决堤了，就会把河边的房屋都淹了。这真的让我很烦恼。不过，这就是一条河不好的一面。

　　当我的身体变得足够强壮时，人们就让我运输一些货船。人们甚至还修建运河，把我和其他河流连接起来。

我穿过一些城市。有的城市有码头，能装卸货物。在码头，有一些人生活在驳船上。

人们往下水道里扔了很多垃圾。从这些粗管子里流出来的都是污水！

最终，我汇入了大海。我变成了大海的一部分。我随身带着泥土、沙子、植物的残枝……所有这些都变成了海洋动物的食物。你看，因为有了我，陆地、人类和海洋才能连接起来。

水和人类

你知道吗？是河流把**盐分**带到海洋里去的。因为任何一块泥土或岩石都是含盐分的。雨水从上面流过，就把盐分带进了河里。

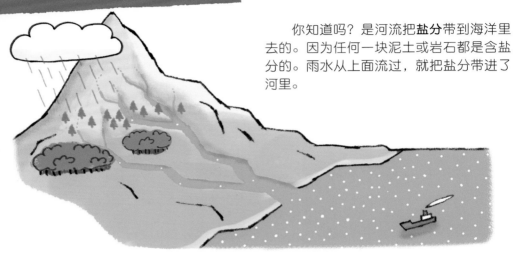

为了净化**下水道**里的污水，我们让污水流过滤网和隔栏，把脏东西拦住。

请注意，**水坝**可能会突然排放大量的水到河里。

10

世界上的任何生命都离不开水……人类一直在想办法储存、运输和利用水。

在水塔里储存干净的水。这些水通过自来水管送到千家万户。

在这个污水处理厂里，我们将污水进行人工强化处理，净化之后再排放回大自然。

利用水坝可发电。

这座工厂净化河水之后，就生产出了我们可以饮用的自来水。

驳船行驶在运河里。

人们用河水浇灌田地。

大自然里的水

河里流动的水蒸发到空气中,再变成雨水降落到地面。我们把这个过程叫作水循环。

1 云里的水通过下雨或下雪落到地面。

2 雨水和融化的雪水流进河里或土壤里。

3 有一部分地下水汇集到了河里。

7 这些水蒸气在空中形成云朵，被风吹到了陆地上空。

6 江河、湖泊和海洋里的水被太阳晒得蒸发为水蒸气。

5 小河汇集成大河，最终流入大海。

4 有一部分地下水留在了土壤里，形成含水层。

13

河流

这条河流过乡村，这儿的生活就
像水流一样安静。

请你在图中找出:

划**独木舟**的孩子

睡着的**渔夫**

给**鸟**照相的人

在老磨坊前
相拥的**情侣**

想把**牛**牵上岸的农夫

垂柳

香蒲

翠鸟

15

池塘

河边有一个池塘。度假的人们在这里游泳、嬉戏。

游船俱乐部

请你在图中找出：

租**帆船**的先生

冰激凌售卖员满头大汗

绿头鸭

盯着青蛙的**鹭**

玩脚踏**浮艇**的孩子们

睡莲

口渴的**老太太**

17

生活在水边的鸟和植物

在水边生活着很多鸟。你见过它们吗?

黑水鸡一边在水边游泳,一边寻找植物的果实或小昆虫。如果被人打扰,它就会发出大声的尖叫。

翠鸟停在水面上方的一根树枝上。只要水里一有小鱼出现,它就会立刻冲过去捕鱼。

鹡鸰也在水边觅食,它主要吃小昆虫。

在开阔的水面上,你可以欣赏到**雨燕**的芭蕾舞表演。雨燕喝水的时候不会弄湿羽毛。

小窍门

很多鸟都会躲起来,你只能听到它们的叫声。闭上眼睛,你会听得更清楚。

能在水中生长的植物叫水生植物。

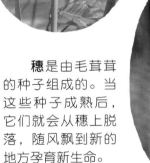

芦苇是一种草本植物。它的枝头上有棕色的穗。

穗是由毛茸茸的种子组成的。当这些种子成熟后，它们就会从穗上脱落，随风飘到新的地方孕育新生命。

睡莲的花特别美，宽大的叶子漂浮在水面上，而它的根扎在水底的淤泥里。

这一大块绿色的毯子可不是草，那是一些漂浮在水面上的小水草，叫浮萍。注意啊，你可不能在它上面走！

实际上，浮萍还是比较大的！

水里的生命

水里生活着数不清的鱼类。你可能见过它们中的一种或几种。

鲈鱼

红点鲑鱼

鲤鱼

红眼鱼

白斑狗鱼

小窍门
想要看清楚水里的鱼而又不被水中自己的倒影干扰，就要避免正对着太阳。

同样，在水里还生活着
各种小动物。

仰泳蝽是一种
在水里捕食的昆虫，
游泳时背朝下。

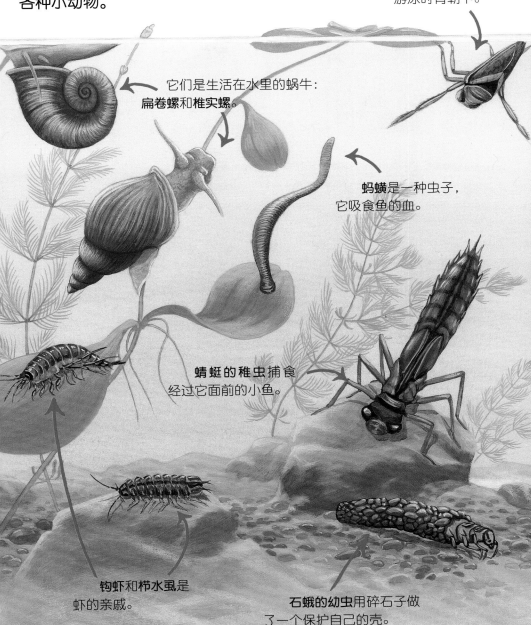

它们是生活在水里的蜗牛：
扁卷螺和**椎实螺**。

蚂蟥是一种虫子，
它吸食鱼的血。

蜻蜓的稚虫捕食
经过它面前的小鱼。

钩虾和**栉水虱**是
虾的亲戚。

石蛾的幼虫用碎石子做
了一个保护自己的壳。

21

水面上的生命

仔细观察水面，你会发现一些有趣的动物！

真不敢相信，**水蜘蛛**竟然能在水面上行走！实际上，它是在水面上滑行。

色螅是蜻蜓的近亲。它有四只一模一样的翅膀。它休息的时候，把翅膀完全重叠到一起，看起来就好像它只有一只翅膀。

色螅一直在水边生活，因为它的食物都在这里，而且它要在水里产卵。

水蜘蛛有六条腿：后面的四条长腿和前面的两条短腿。它是昆虫，捕食落到水面上的小昆虫。

蚊子的幼虫是黄足豉虫最喜欢的食物。

黄足豉虫是一种瓢虫。它转着圈行走。太有趣了！

还有一些动物既可以在水中生活，也可以在陆地上生活，它们被称为两栖动物。

北螈看起来像蜥蜴，但身体表面没有鳞片。其实它是青蛙的近亲，也喜欢生活在潮湿的环境中。

海狸鼠很容易识别，因为它们的门齿又大又长，而且是橘红色的。它们只吃植物。

大多数青蛙善于游泳，它们跳进水里是为了产卵和捕食昆虫。

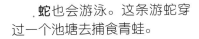

蛇也会游泳。这条游蛇穿过一个池塘去捕食青蛙。

23

注意安全!

在水边散步可能会有危险，你最好跟成年人在一起。小朋友，请你接受下面的建议！

注意，水坝危险！

不要在上游建有水坝的河边玩耍，因为水位有时候会突然上涨得很快。

小心淤泥，人会陷进去！

在池塘、沼泽的底部沉积着一层特别容易让物体陷进去的泥沙，那就是淤泥。如果我们不小心走在了淤泥上，就会陷落进去，很难脱身。

小心滑倒！

河边的地面都很滑。如果那里有个陡坡，你可能会滑倒而摔到河里。

小心激流！

当水流动时，被称为水流。有时候水流的速度很快。你不要横穿一条河，因为你可能会被水流冲走。

请尊重河流！

不要把任何东西扔进河里，因为它们会污染河水。

不要砍伐水边的植物，因为很多昆虫生活在里面。

生活就是一本百科全书，火警电话不全是119，马戏团的小丑要戴红鼻头，农场里的母鸡能孵出小鸡，超市里买来的鸡蛋只会变成臭鸡蛋！这是为什么？那是为什么？生活中这样的趣味知识比比皆是。用一双好奇的眼睛来打量这个世界，一切都变得妙趣横生。百科即生活，生活是百科。与孩子一起来体验奇妙的生活百科，收获的不仅仅是知识，更有快乐和梦想。

——史军（果壳阅读图书策划人，科学松鼠会成员，植物学博士，出版多部畅销科普图书）

这套书强调的是和孩子进行互动，先看、后听、再理解，然后动手做相关的小制作和小活动，不仅文图精致，而且活动恰当，有吸引力，让孩子们一书多用。相信孩子们一定会喜欢这套"动眼、动口、动脑还动手"的少儿科普书。

——段玉佩（北京四中生物老师，科学松鼠会成员，央视少儿频道的常驻嘉宾，参加《芝麻开门》等多个科普节目）

这套书既介绍了大自然中有趣的博物学常识，又介绍了为我们的现代化生活提供便利的产业和职业，从而向孩子们呈现了现代世界的完整面貌。表面看来，这些知识全都围绕着日常生活打转——蔬菜水果啦，树木啦，餐具啦，钟表啦……然而，从这些孩子们常常接触、甚至是每天接触的东西出发，每一分册都对相关的一个知识领域做了纵深发掘。有些知识甚至是成人都未必知道的。

——刘夙（中国科学院植物研究所博士，果壳网知名作者，上海辰山植物园科普部工程师，科普作家）

对于低龄小宝贝而言，用这套书做科学启蒙最适合不过了。不同于市面上一般的低幼科普，这套书不仅仅涵盖了广泛的自然科学，还把相关的人文历史知识自然地融合其间。最难能可贵的是，颇具幽默感的多种互动和手工，牢牢抓住了小宝贝的兴趣点和心理需要。

——张欣（妈咪宝贝传媒主任编辑）

这套源于生活、用于生活的科普图画书实现了"学"与"玩"的结合，让孩子们真正"在学中玩，在玩中学"，在阅读、游戏、实验、手工中快快乐乐地学科学。

——王雁（华东师范大学学前教育博士）

绿色印刷 保护环境 爱护健康

亲爱的读者朋友：

　　本书已入选"北京市绿色印刷工程——优秀出版物绿色印刷示范项目"。它采用绿色印刷标准印制，在封底印有"绿色印刷产品"标志。

　　按照国家环境标准（HJ2503-2011）《环境标志产品技术要求 印刷第一部分：平版印刷》，本书选用环保型纸张、油墨、胶水等原辅材料，生产过程注重节能减排，印刷产品符合人体健康要求。

　　选择绿色印刷图书，畅享环保健康阅读！

北京市绿色印刷工程

法国第一亲子科学书

爱上动手的科学书

开饭啦

【法】西尔维娅·吉勒玛　娜塔莉·萨维 等 / 文

【法】托马·巴阿斯　雷米·萨亚尔 等 / 图

黄凌霞 / 译

人民文学出版社　天天出版社

科学我知道

著作权合同登记：图字 01-2014-8065

图书在版编目（CIP）数据

开饭啦.科学我知道 /（法）西尔维娅·吉勒玛等文；（法）托马·巴阿斯等图；
黄凌霞译 . -- 北京：天天出版社，2019.7
（爱上动手的科学书）
ISBN 978-7-5016-1519-3

Ⅰ.①开… Ⅱ.①西… ②托… ③黄… Ⅲ.①科学知识—儿童读物
Ⅳ.① Z228.1

中国版本图书馆CIP数据核字(2019)第096025号

这本书属于：

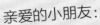

亲爱的小朋友：

　　你了解花园、飞机的发展历史吗？你参观过消防队、杂技团吗？你知道农场、河流、树木、食物、时间的秘密吗？

　　就让我们一起跟着这套精美的"爱上动手的科学书"来了解它们的发展历史，解开它们的秘密，并和爸爸妈妈一起进行有趣的实验操作、制作好玩的玩具吧。

　　小朋友，我们一起把科学快乐地"玩"儿起来吧！

天天出版社

我明白了

你知道吗？全世界有上千种食物。我们的
祖先吃的东西和我们现在吃的东西完全不一样。
翻开这本书就知道啦。

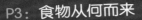

食物从何而来

史前人类以植物的根和生肉为食。后来，他们懂得了生火，于是发现肉烤熟后味道更美也更容易咀嚼。因此，人们开始越来越多地猎食动物！

在很长一段时间里，人类只靠打猎和捡拾水果或一些植物的根生存。为了找到充足的食物，他们不得不时常迁徙到食物丰富的地方去。

12000年前，人们开始饲养山羊和绵羊。他们不再需要外出打猎获得肉类，还可以喝到羊奶。

　　在同一时期，人们也学会了种植小麦。他们把小麦磨成面粉后做成面包，小麦营养丰富，而且可以储存很长时间。

非洲

亚洲

南美洲

　　那时，小麦只在地中海沿岸才有。在其他地方，人们种植其他农作物：南美洲种植玉米，非洲种植黍，亚洲种植水稻。

慢慢地，世界各地的人们都学会了饲养牲畜和种植农作物。他们再也不需要为了觅食而在野外生活。大大小小的村庄也陆续建立了起来。

人们住进房屋之后，开始用土烧制陶罐、陶碗这些容器，用它们做粥和菜汤非常方便。

　　富有创造力的人们发现，肉或鱼放在盐里腌制后能保存几个月。于是，盐成为了人们重要的生活必需品。

　　人们也会去别的地方旅行，增长见识。因此，在3000多年前，欧洲人发现了一种从印度来的奇怪的鸟：鸡！

　　在战争期间，士兵们带着日常食物路过很多国家。罗马人因此将葡萄、生菜和蜂蜜介绍到了其他国家。

　　600年前，欧洲人发现了美洲大陆，他们从那里带回了很多当时欧洲人闻所未闻的食物：西红柿、扁豆、土豆、巧克力……

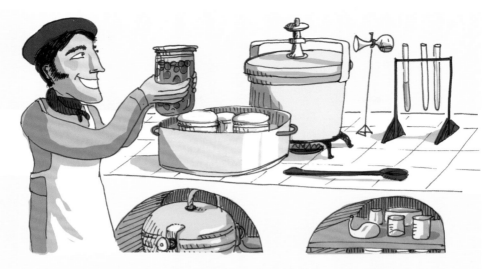

200年前，研究发现只要用一种特定的方式将食物加热并封存，就可以保存好几年。罐头食品就此应运而生！从此以后，我们在大冬天也能吃到水果和蔬菜。

现在，我们吃的一些速冻食品、早餐麦片和其他的食物都是我们的祖辈小时候没吃过的。当你长大后，肯定也会吃到一些现在还不存在的东西！

热闹的集市

在许多城市和乡村，我们都会去集市买东西。在集市上我们可以找到各种需要的产品，而且和商贩砍价也是一件很有意思的事！

每位摊贩都要交摊位费。他们会把钱交给**城市管理人员**。

小贩会把货物摆放在可以折叠的**大阳伞**下面，免受风吹日晒。

哇！卖**香料**的小摊真香啊！

比萨

熟肉店直接把一辆改装成商店的车子开到集市上。

熟肉店

这位商贩所卖的奶酪都产自自家的农场。

这位老太太正跟水果商就橘子的价格讨价还价。

集市营业期间，这个广场上禁止汽车行驶。

11

忙碌的超市

我们也可以选择在超市购物，在超市我们可以随手选择自己需要的东西，这是一种自助式购物。

2欧3个

打折

低价

顾客可以自行在**自动收款机**上付款购物。

理货员正在给空了的**货架**添货。

收银员正在给顾客结账。

1

2

12

这位理货员正要把这些瓶装水放到货架上去。

生鲜

卖场负责人正把一块广告牌摆放在货架上。

促销

服务台

3

这位先生采购了足够一周的食物，把他的小推车都塞满了。

13

丰富的谷物

谷物占了人们每天摄取食物量的一半！

玉米

玉米原产于美洲的墨西哥，是哥伦布第一次将它带到了欧洲。

水稻

中国是第一个种植水稻的国家。今天，水稻在亚洲广泛种植，水稻的根是扎在水里的。

小麦

小麦最早出现在1万年前的亚洲美索不达米亚地区。

大麦

这是史前人类就学会种植的一种谷物，它在全世界大部分地区均有种植。

高粱

据说这种植物原产于非洲。

当然，还有其他一些谷物。

黍

燕麦

黑麦

二粒小麦

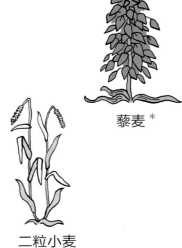

藜麦 *

*一种南美洲的苋科植物，当地作为谷物种植。

应季的
水果和蔬菜

每一个季节都有相应的水果和蔬菜。

		春季			夏季		
		三月	四月	五月	六月	七月	八月
水果	杏						
	橙子						
	苹果						
	梨						
	猕猴桃						
	香瓜						
	桑葚						
	李子						
	覆盆子						
	醋栗						
	桃						
蔬菜	甜萝卜						
	胡萝卜						
	南瓜						
	土豆						
	红皮萝卜						
	苦苣						
	大葱						
	西红柿						
	黄瓜						

16

"反季"的水果和蔬菜是怎么回事?

一整年里,我们能在市场里买到大部分的水果和蔬菜,因为这些果蔬是大棚种植的,或者是从其他国家进口的。

秋季			冬季			
九月	十月	十一月	十二月	一月	二月	
						杏
						橙子
						苹果
						梨
						猕猴桃
						香瓜
						桑葚
						李子
						覆盆子
						醋栗
						桃
						甜萝卜
						胡萝卜
						南瓜
						土豆
						红皮萝卜
						苦苣
						大葱
						西红柿
						黄瓜

水果

蔬菜

17

营养均衡

你常听大人说要吃得"营养均衡"。也就是说你不能挑食，什么都要吃。

为了生存，你的身体需要营养。这些营养来自你吃的所有食物。我们把它们分为五大类。

蛋白质
它能帮助你的身体制造肌肉、关节、皮肤……它是组成人体一切细胞、组织的重要成分。

蛋白质从哪里来?
它广泛存在于蛋、乳制品、肉、鱼、全麦、蔬菜和干果等食物中。

脂类
它在供给人体能量方面起着重要作用，是大脑、神经不可或缺的部分。它保护你的心脏不患某些疾病。

脂类从哪里来?
它广泛存在于奶油、猪肉、牛羊肉、食用油和鱼等食物中。

碳水化合物

它是构成生命的能量物质。

碳水化合物从哪里来?

当然从糖里来,还存在于蜂蜜、面包、土豆、饼、米饭和水果蔬菜等食物中。

维生素

它能帮助你的身体正常运转。它分为很多种类:维生素A、维生素B、维生素C……

所有的食物中都含有维生素。

矿物质

几乎所有的食物中都含有矿物质。比如,钙存在于乳制品中,让你的骨骼更加强健。

怎样才能做到营养均衡?

你应该什么都吃,但是不要吃得过多。

喝水!每天按时吃三餐:早餐、午餐和晚餐。

放学之后可以吃一小块蛋糕。

世界各地的餐桌

在每一个国家，人们吃饭的时候都有着不同的风俗习惯。

在**亚洲**的很多国家，人们吃饭不用餐叉和餐刀，而是用筷子。

在**日本**，人们吃拉面时会发出"呲呲"的声音。这表示饭很好吃，同时也是对厨师手艺的赞赏！

在**非洲**，通常一家人都在一个盆里吃饭。人们用右手抓饭，把饭揉成小团送入口中。

在**印度**，吃饭时打嗝儿是礼貌的表现。

在**马达加斯加**，不能直视正在吃饭的人的眼睛。

在**法国**，人们把前臂支在桌子上，而不是手肘，因为那样不礼貌！

在**英格兰**，不吃饭时，人们的手应该放在桌子下面。

在**韩国**，人们不能比桌上最年长者吃得快。

奇特的食物

世界各地的人们吃的东西五花八门！
你看，各种动物都能做成菜。

蜗牛

牡蛎

燕窝

蝉蛹

鳄鱼

鸵鸟

昆虫

青蛙腿

蛇

蜘蛛

餐具的摆放

在摆放餐具时，要遵守一定的顺序和位置。拿出盘子、玻璃杯、餐巾，你也来试试吧！

1. 先把盘子一个一个地摆开放，盘子之间的间隔要一致。

餐叉放在左侧　　　　　　餐刀和大勺子
　　　　　　　　　　　　放在右侧

2. 如果这顿饭有汤，还要摆上深盘或者碗。

3．还要放一些大家吃饭时可能需要的佐料。

小窍门
这是一种简单折叠餐巾纸的方法。折好的餐巾纸是不是跟饭店的一样呢？

生活就是一本百科全书，火警电话不全是119，马戏团的小丑要戴红鼻头，农场里的母鸡能孵出小鸡，超市里买来的鸡蛋只会变成臭鸡蛋！这是为什么？那是为什么？生活中这样的趣味知识比比皆是。用一双好奇的眼睛来打量这个世界，一切都变得妙趣横生。百科即生活，生活是百科。与孩子一起来体验奇妙的生活百科，收获的不仅仅是知识，更有快乐和梦想。

——史军（果壳阅读图书策划人，科学松鼠会成员，植物学博士，出版多部畅销科普图书）

这套书强调的是和孩子进行互动，先看、后听、再理解，然后动手做相关的小制作和小活动，不仅文图精致，而且活动恰当，有吸引力，让孩子们一书多用。相信孩子们一定会喜欢这套"动眼、动口、动脑还动手"的少儿科普书。

——段玉佩（北京四中生物老师，科学松鼠会成员，央视少儿频道的常驻嘉宾，参加《芝麻开门》等多个科普节目）

这套书既介绍了大自然中有趣的博物学常识，又介绍了为我们的现代化生活提供便利的产业和职业，从而向孩子们呈现了现代世界的完整面貌。表面看来，这些知识全都围绕着日常生活打转——蔬菜水果啦，树木啦，餐具啦，钟表啦……然而，从这些孩子们常常接触、甚至是每天接触的东西出发，每一分册都对相关的一个知识领域做了纵深发掘。有些知识甚至是成人都未必知道的。

——刘夙（中国科学院植物研究所博士，果壳网知名作者，上海辰山植物园科普部工程师，科普作家）

对于低龄小宝贝而言，用这套书做科学启蒙最适合不过了。不同于市面上一般的低幼科普，这套书不仅仅涵盖了广泛的自然科学，还把相关的人文历史知识自然地融合其间。最难能可贵的是，颇具幽默感的多种互动和手工，牢牢抓住了小宝贝的兴趣点和心理需要。

——张欣（妈咪宝贝传媒主任编辑）

这套源于生活、用于生活的科普图画书实现了"学"与"玩"的结合，让孩子们真正"在学中玩，在玩中学"，在阅读、游戏、实验、手工中快快乐乐地学科学。

——王雁（华东师范大学学前教育博士）

绿色印刷　保护环境　爱护健康

法国第一亲子科学书

爱上动手的科学书

我的跑马场

【法】西尔维娅·吉勒玛　娜塔莉·萨维 等/文

【法】托马·巴阿斯　雷米·萨亚尔 等/图

黄凌霞/译

人民文学出版社 天天出版社

科学我知道

著作权合同登记：图字 01-2014-8065

YOUPI SERIES

Chevaux et poneys © Editions Bayard, 2013

Simplified Chinese translation copyright © 2015 by Daylight Publishing House

ALL RIGHTS RESERVED

图书在版编目（CIP）数据

我的跑马场 . 科学我知道 / （法）西尔维娅 · 吉勒玛等文 ;（法）托马 · 巴阿斯
等图 ; 黄凌霞译 . -- 北京 : 天天出版社 , 2019.7
（爱上动手的科学书）
ISBN 978-7-5016-1519-3

Ⅰ . ①我… Ⅱ . ①西… ②托… ③黄… Ⅲ . ①科学知识—儿童读物
Ⅳ . ① Z228.1

中国版本图书馆CIP数据核字(2019)第098096号

这本书属于：

亲爱的小朋友：

　　你了解花园、飞机的发展历史吗？你参观过消防队、杂技团吗？你知道农场、河流、树木、食物、时间的秘密吗？

　　就让我们一起跟着这套精美的"爱上动手的科学书"来了解它们的发展历史，解开它们的秘密，并和爸爸妈妈一起进行有趣的实验操作、制作好玩的玩具吧。

　　小朋友，我们一起把科学快乐地"玩"儿起来吧！

天天出版社

我明白了

人们认为，马是"人类最好的朋友"。

在这里，你将看到马在很久很久以前就陪伴着我们，而且它们帮我们做很多事。

马，我们的朋友

你骑着马散过步吗？
骑在马上慢步走；小跑、飞奔……你能体验到自由的感觉。
现在，你能骑在马身上，是因为它们已经被我们豢养和驯化。
马和我们人类的友谊可以追溯到很久很久以前。

　　在5000万年前，人类还没有出现，地球上生活着一种长相奇怪的动物——始祖马。它们的体形跟狐狸差不多大。渐渐地，它们的后代开始进化，最终进化成了马！

在史前社会，马都是野马。它们成群结队地活动。人类经常猎食它们。

当马飞奔而去的时候，史前人类非常震惊。马经常出现在他们的壁画中。

后来，人类开始饲养马。一开始，他们只是为了吃马肉、用马皮和喝马奶。但是，马和牛是不同的。

6000年以前，人类对马的习性已经很了解了。他们开始驯马。

他们让马驮重物和人。所以，在中世纪，一个骑士能够很快地穿越一段长路而不觉得累。

在亚洲，匈奴人是游牧民族：他们的一生都在迁徙中度过。他们这种自由自在的生活都是在马背上实现的。匈奴人跟马非常亲近，他们甚至能在马背上睡觉。

从中世纪一直到19世纪，人类一直让马当苦力。马儿们始终生活得很艰难。

马被套在很沉的货船上，在船要逆流而上时把船拖拉到上游。

在农田里，马要拉犁耕地。

在矿井里，马要把煤车拉上地面。

在城市里，马要拉车。城市里的马车很多，有时候还会堵车和发生交通事故。

　　在19世纪的美国，牛仔们骑着马赶着牛群穿过大草原。这是一项非常危险的工作：马和它的主人要默契配合，才能避免被牛群冲撞。

现在，人们基本上不让马干重活了。人们继续养育、训练马，主要是为了娱乐。

马拉车比赛

马球

驯马表演

马上篮球

人们发明了很多项能让马一起参加的运动。

城市里的马

在城市里，你还能看到马。

在一些漂亮的街区，仍然有马车供游客乘坐观光。

警察骑着马巡视街道。

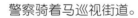

马戏团里有很多马表演的节目。

在赛马场上，我们可以看到赛马。人们用钱做赌注，预测哪匹马会最终获胜。我们把这种游戏叫作赌马。

乡村里的马

在乡村，马有很多用处。

骑士们骑着马远足。

农夫像从前一样，
让马拉犁耕地。

一些爱马的人组织了马拉车
比赛，有比跨越障碍物的，有比
速度的，有比灵巧性的。

在美国，牧场是大型养牛场。牛仔们还在使用马匹驱赶牛群。

不同种类的马

经过几个世纪的进化，马分化成了不同种类。

阿巴鲁萨马

在美洲，鼻子上穿洞的是印第安族的马。

布拉班特马

这种马非常强壮，是中世纪骑士的座驾。

设得兰矮马

这种马个子较矮，但它们强壮、结实，耐力好。

佩尔什马

这种马身高力大，动作灵活，能拉很重的货车。

卡玛格马
这是法国牛仔和牧马人的马。

法拉贝拉迷你马
它们是世界上最小的马，产于阿根廷，身高只有几十厘米，最矮的只有38.1厘米。

纯血马
这是世界上速度最快的马。它们只用于赛马，不做其他用途。

夏尔马
这是世界上力量最大体形最大的马。马肩距地面的高度通常在2米以上。

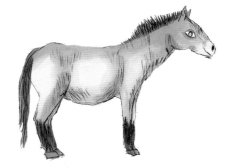

普氏野马
它们很像史前时代的马，但外形像家马，十分机警，善于奔跑，在山地草原和荒漠上栖息。

在小种马俱乐部

在小种马俱乐部里，看，每个人都在忙。

请你在图中找出：

饲马员在打扫马厩

牙医在给马看牙

铁匠在给马
钉马蹄铁

教练在训练小骑士

19

马的部位名称

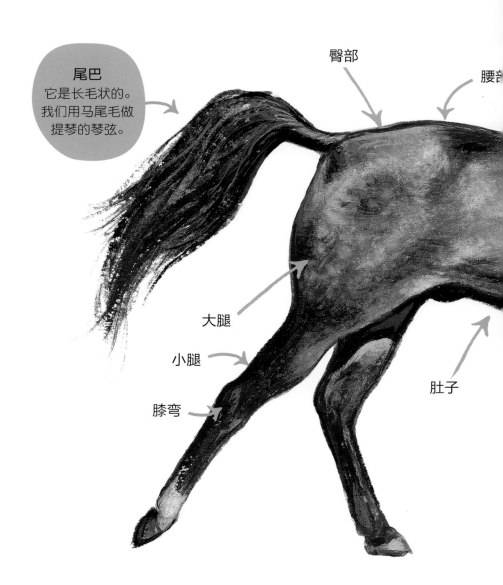

尾巴
它是长毛状的。
我们用马尾毛做
提琴的琴弦。

臀部

腰部

大腿

小腿

膝弯

肚子

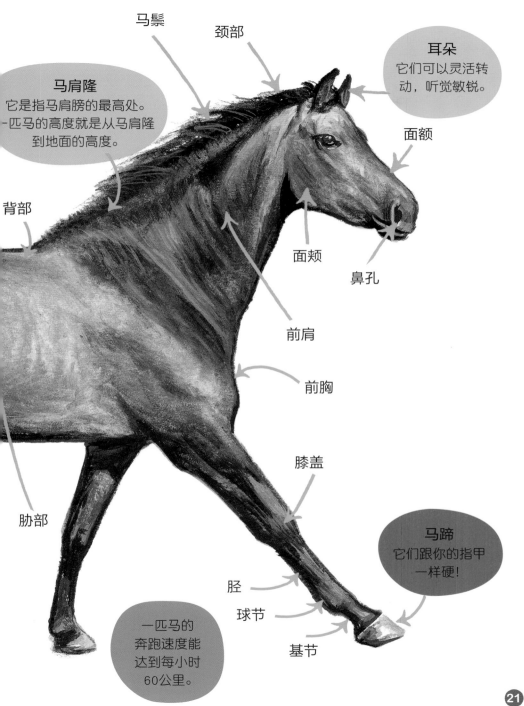

马鬃

颈部

耳朵
它们可以灵活转动，听觉敏锐。

马肩隆
它是指马肩膀的最高处。一匹马的高度就是从马肩隆到地面的高度。

面额

背部

面颊

鼻孔

前肩

前胸

膝盖

肋部

马蹄
它们跟你的指甲一样硬！

胫

球节

一匹马的奔跑速度能达到每小时60公里。

基节

给马做清洁和套马鞍

给一匹小种马做清洁，我们需要使用：

| 铁齿刷 | 毛刷 | 梳子 | 蹄钩 |

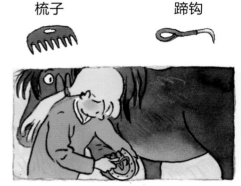

先用**铁齿刷**刷马的肚子和前肩，再用**毛刷**刷。最后用**梳子**梳理马的尾毛和鬃毛。

接着抬起马蹄，用**蹄钩**剔除马蹄间的杂物。

套马鞍，就是给马戴上马具。

马缰绳是用来驾驭马的。

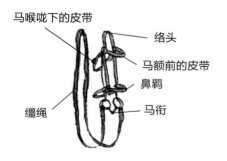

马喉咙下的皮带 —— 络头

马额前的皮带

鼻羁

缰绳 —— 马衔

一只手拿着**缰绳**的前半部分，然后用另一只手轻轻地把**马衔**放到马嘴里。

接着把**马络头**放到马耳朵的后面，再把**鼻羁**和**马喉咙下的皮带**收紧。

马鞍是骑士的"座椅"。

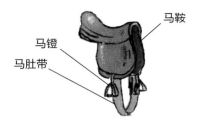

马鞍

马镫

马肚带

把**马鞍垫**放到马背上，再把**马鞍**放到垫子上。

把**马肚带**绕过马肚子，稍微系紧。最后调整**马镫**。

1. 要给一匹小种马套上马具，你要站在马的左侧。拿起缰绳，把它套到马头上。

2. 检查马鞍是否固定在合适的位置上，然后稍微系紧马肚带，再把左脚放进马镫。

3. 双手紧紧抓住马的鬃毛，右腿使劲蹬地。飞身上马！

4. 右腿跨过马的臀部。坐好以后，在马镫上压一压马靴……准备好了，我们去散步吧。

1

2

3

4

马的传说

在神话传说中，人们想象出了一些神奇的马。

独角兽

在中世纪的神话中，独角兽和白马长得很像，额前有一个螺旋角，人们相信它能包治百病。

特洛伊木马

它来自一个神话传说，希腊的英雄尤利西斯带领他的士兵们藏在一个巨大的木马的肚子里进了城，从而攻破了特洛伊城。

飞马

这种长着翅膀的马是古希腊众神的朋友。飞马通常是白色的。

半人马

这是古希腊人通过想象创造的一种动物，它们是人的上半身和马的下半身的结合体。

生活就是一本百科全书，火警电话不全是119，马戏团的小丑要戴红鼻头，农场里的母鸡能孵出小鸡，超市里买来的鸡蛋只会变成臭鸡蛋！这是为什么？那是为什么？生活中这样的趣味知识比比皆是。用一双好奇的眼睛来打量这个世界，一切都变得妙趣横生。百科即生活，生活是百科。与孩子一起来体验奇妙的生活百科，收获的不仅仅是知识，更有快乐和梦想。

——史军（果壳阅读图书策划人，科学松鼠会成员，植物学博士，出版多部畅销科普图书）

这套书强调的是和孩子进行互动，先看、后听、再理解，然后动手做相关的小制作和小活动，不仅文图精致，而且活动恰当，有吸引力，让孩子们一书多用。相信孩子们一定会喜欢这套"动眼、动口、动脑还动手"的少儿科普书。

——段玉佩（北京四中生物老师，科学松鼠会成员，央视少儿频道的常驻嘉宾，参加《芝麻开门》等多个科普节目）

这套书既介绍了大自然中有趣的博物学常识，又介绍了为我们的现代化生活提供便利的产业和职业，从而向孩子们呈现了现代世界的完整面貌。表面看来，这些知识全都围绕着日常生活打转——蔬菜水果啦，树木啦，餐具啦，钟表啦……然而，从这些孩子们常常接触、甚至是每天接触的东西出发，每一分册都对相关的一个知识领域做了纵深发掘。有些知识甚至是成人都未必知道的。

——刘夙（中国科学院植物研究所博士，果壳网知名作者，上海辰山植物园科普部工程师，科普作家）

对于低龄小宝贝而言，用这套书做科学启蒙最适合不过了。不同于市面上一般的低幼科普，这套书不仅仅涵盖了广泛的自然科学，还把相关的人文历史知识自然地融合其间。最难能可贵的是，颇具幽默感的多种互动和手工，牢牢抓住了小宝贝的兴趣点和心理需要。

——张欣（妈咪宝贝传媒主任编辑）

这套源于生活、用于生活的科普图画书实现了"学"与"玩"的结合，让孩子们真正"在学中玩，在玩中学"，在阅读、游戏、实验、手工中快快乐乐地学科学。

——王雁（华东师范大学学前教育博士）

绿色印刷　保护环境　爱护健康

法国第一亲子科学书

爱上动手的科学书

时间的奥秘

【法】西尔维娅·吉勒玛　娜塔莉·萨维 等/文

【法】托马·巴阿斯　雷米·萨亚尔 等/图

黄凌霞/译

人民文学出版社　天天出版社

科学我知道

著作权合同登记：图字 01-2014-8065

图书在版编目（CIP）数据

时间的奥秘 . 科学我知道 / (法) 西尔维娅·吉勒玛等文 ; (法) 托马·巴阿斯
等图 ; 黄凌霞译 . -- 北京 : 天天出版社 , 2019.7
（爱上动手的科学书）
ISBN 978-7-5016-1519-3

Ⅰ . ①时… Ⅱ . ①西… ②托… ③黄… Ⅲ . ①科学知识—儿童读物
Ⅳ . ① Z228.1

中国版本图书馆CIP数据核字(2019)第097434号

这本书属于：

亲爱的小朋友：

　　你了解花园、飞机的发展历史吗？你参观过消防队、杂技团吗？你知道农场、河流、树木、食物、时间的秘密吗？

　　就让我们一起跟着这套精美的"爱上动手的科学书"来了解它们的发展历史，解开它们的秘密，并和爸爸妈妈一起进行有趣的实验操作、制作好玩的玩具吧。

　　小朋友，我们一起把科学快乐地"玩"儿起来吧！

天天出版社

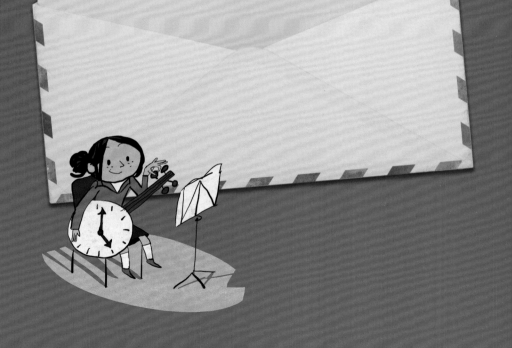

我明白了

现在几点了？我们经常听到这个问题。但是人们并不是一直都靠看表来确定时间的。翻开这本书，你就会发现还有哪些方法。

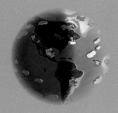

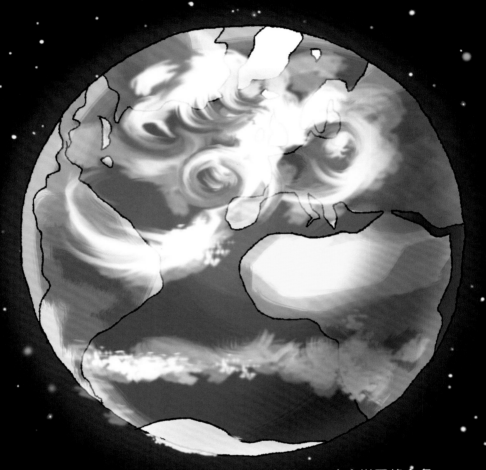

　　想象一下，如果没有小时、日期、年代……这个世界将会多么混乱啊！

　　如何知道什么时候该上课？

　　什么时候该庆祝你的生日？

　　什么时间该去约会？

　　翻开这本书，你会发现几个世纪以来，为了能更好地生活，人类发明了各种各样的计时方式。

太阳每天早晨升起，每天傍晚落下。这肯定是史前人类开始计时的最初方式——通过太阳的升落计算日子。这很有用。比如当两个部落想要联合起来去捕猎更大的野兽时，他们就可以这样约定："太阳第三次升起之后在这里见！"

　　但是，人类很快就发现还需要记录比几天更长的时间。这该怎么办呢？通过一晚又一晚的观察，他们发现月亮先是一晚比一晚变圆，然后又一晚比一晚变瘦，最后消失在天空，过了几晚又一点儿一点儿地变圆了，这期间差不多有三十天。于是，他们发明了一个更加方便的计时方式：月！

　　同时，季节总是有规律地循环着。春、夏、秋、冬的使用使人们能表达出更长的时间。他们会说"这个孩子是上个冬天生的"，或者"我们下个夏天再搭一顶新帐篷吧"。

接着，人们想，记录人类历史上发生的事情很重要。我们现在有了日、月、年。我们要找到一个方法把这些重大事件按顺序记录下来！于是，人类发明了第一个年历。

不久之后，人们又想区分一天中的不同时刻。他们发现物体的影子会随着太阳的移动而变化。把棍子插到地上，棍子的影子所指的不同方向就表示了不同时刻。

埃及人把木棍固定在有时间刻度的圆盘上，这是第一个日晷。但是日晷在晚上就不起作用了……

为了能在晚上也知道时间，人们想到了一个方法，就是让一壶水一滴一滴地滴到另一个壶里。水滴得越多，说明时间越晚。我们把这种计时工具叫作漏壶。

另一些人让沙子从一个玻璃容器流到另一个玻璃容器里。这种计时工具叫作沙漏。但当所有的沙子都流到下面时，还需要有人去把沙漏颠倒过来才可以继续使用。

后来，人们发明了第一座机械时钟。它的指针在齿轮和弹簧的驱动下转动。

渐渐地，发明家们把钟表做得越来越精巧。现在大部分计时装置都靠电池驱动，我们把这种可以戴在手腕上的计时装置叫作手表。

一直以来，人类都梦想能在时间中旅行。想象一下，你可以与恐龙和查理曼大帝相遇，或者到公元3000年去旅游，那会多么神奇！但是时间穿梭机并不存在……说不定未来你能发明一个呢！

过去如何**计时**

当钟表还没有出现时，人们是用以下计时工具来确定时间的。

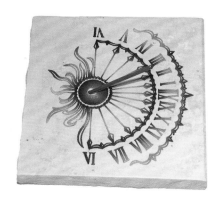

日晷

便于携带的日晷
人们可以随身携带。

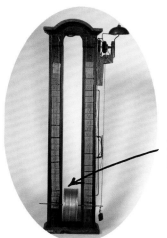

带敲击声的漏壶
这个漏壶的小圆筒里有水在不停地滴。小圆筒里的水一直要滴24个小时才能滴完。

蜡烛计时器
蜡烛燃烧时会变短，到某一个刻度上就可以知道过了多少时间。

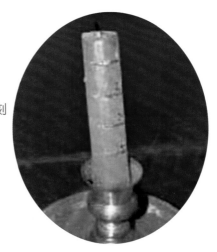

沙漏
这种计时器被广泛用于航海，因为它不受船体摇晃的影响。

弹簧钟
它们通常都做得美轮美奂，常被用来装饰家居。

现在如何计时

21世纪的手表设计几乎达到了完美!

石英表
这种表走时非常准确,10年的误差不会超过1秒钟。

盲人手表
揭开表盖后,盲人能摸到指针。

数字电子表
这种表没有指针,表盘上直接显示数字。

今天，我们在任何地方都能看到时间。
你注意到身边的哪些物品上带有时钟吗？

在咖啡机上

在电话上

在全球卫星定位系统上
这个设备上的时钟是用卫星进行自动对时的。

在蓝光播放机上

地球上的一天一夜

你知道某个时刻的全世界并不是处于同一个时间吗？

比如说，在法国，现在是13点，阳光正照耀着我们的这个半球……

太阳在这边……

俄罗斯是15点。索尼娅刚刚将孩子哄睡着。

法国是13点。正是吃午饭的时候。朱莉，祝你胃口好！

埃及是14点。穆罕默德又开始了下午的工作。

中国是20点。
王先生一家正边看
电视边吃晚饭。

印度是17点。
阿布拉和玛佳娜
下班了。

印度尼西亚是19点。
阿迪和米塔正在做晚饭。

与此同时，地球的另一个半球正是晚上……

美国的加利福尼亚，是凌晨4点。约翰正在打呼噜。

墨西哥是6点。玛利亚和朱安要起床了。

此时，太平洋上的岛屿还是深夜。大部分人都在睡觉。

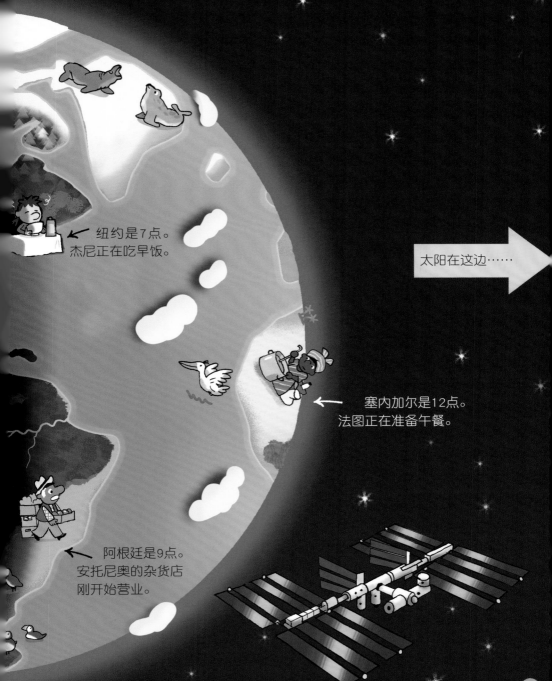

纽约是7点。
杰尼正在吃早饭。

太阳在这边……

塞内加尔是12点。
法图正在准备午餐。

阿根廷是9点。
安托尼奥的杂货店
刚开始营业。

小时和分钟

我们说到时间时总会用到这两个词。

如果让你一动不动地待上
1分钟，你肯定会感觉时间很
漫长。

但是当你看了**1个小时**电视
时，你就会觉得时间过得好快。

1分钟，就是饭前洗手的
时间。

1小时，就是做一个蛋糕的
时间。

告诉某人时间，就是告诉她现在是什么时刻。

把钟表重新对时，是指告诉某人不能像以前那样做某件事。*

给某人1分钟，是指专注地听这个人讲一会儿。

*这是一句法国俚语。

争分夺秒，是指我们做某件事情速度很快，快得甚至超出想象。

现在几点了

我们用表看时间，必须知道两件事情：小时和分钟。因此表面上有至少两个指针。

短针表示小时。

长针表示分钟。

首先，请看短针。

在表面上，用1到12的刻度表示小时。我们要看小时就要看短针在哪个数字的前面。

现在时针在7点的前面，还没有到8点。

现在就是7点多。

再看分针。

在表面上，用小短线表示分钟，一共有60条细线。我们从表的最顶端开始数短线的位置。

现在，分针指着30分。

现在你知道怎么看时间了吧！

生活就是一本百科全书，火警电话不全是119，马戏团的小丑要戴红鼻头，农场里的母鸡能孵出小鸡，超市里买来的鸡蛋只会变成臭鸡蛋！这是为什么？那是为什么？生活中这样的趣味知识比比皆是。用一双好奇的眼睛来打量这个世界，一切都变得妙趣横生。百科即生活，生活是百科。与孩子一起来体验奇妙的生活百科，收获的不仅仅是知识，更有快乐和梦想。

——史军（果壳阅读图书策划人，科学松鼠会成员，植物学博士，出版多部畅销科普图书）

这套书强调的是和孩子进行互动，先看、后听、再理解，然后动手做相关的小制作和小活动，不仅文图精致，而且活动恰当，有吸引力，让孩子们一书多用。相信孩子们一定会喜欢这套"动眼、动口、动脑还动手"的少儿科普书。

——段玉佩（北京四中生物老师，科学松鼠会成员，央视少儿频道的常驻嘉宾，参加《芝麻开门》等多个科普节目）

这套书既介绍了大自然中有趣的博物学常识，又介绍了为我们的现代化生活提供便利的产业和职业，从而向孩子们呈现了现代世界的完整面貌。表面看来，这些知识全都围绕着日常生活打转——蔬菜水果啦，树木啦，餐具啦，钟表啦……然而，从这些孩子们常常接触、甚至是每天接触的东西出发，每一分册都对相关的一个知识领域做了纵深发掘。有些知识甚至是成人都未必知道的。

——刘夙（中国科学院植物研究所博士，果壳网知名作者，上海辰山植物园科普部工程师，科普作家）

对于低龄小宝贝而言，用这套书做科学启蒙最适合不过了。不同于市面上一般的低幼科普，这套书不仅仅涵盖了广泛的自然科学，还把相关的人文历史知识自然地融合其间。最难能可贵的是，颇具幽默感的多种互动和手工，牢牢抓住了小宝贝的兴趣点和心理需要。

——张欣（妈咪宝贝传媒主任编辑）

这套源于生活、用于生活的科普图画书实现了"学"与"玩"的结合，让孩子们真正"在学中玩，在玩中学"，在阅读、游戏、实验、手工中快快乐乐地学科学。

——王雁（华东师范大学学前教育博士）

绿色印刷 保护环境 爱护健康

亲爱的读者朋友:

　　本书已入选"北京市绿色印刷工程——优秀出版物绿色印刷示范项目"。它采用绿色印刷标准印制,在封底印有"绿色印刷产品"标志。

　　按照国家环境标准(HJ2503-2011)《环境标志产品技术要求 印刷第一部分:平版印刷》,本书选用环保型纸张、油墨、胶水等原辅材料,生产过程注重节能减排,印刷产品符合人体健康要求。

　　选择绿色印刷图书,畅享环保健康阅读!

北京市绿色印刷工程

法国第一亲子科学书

爱上动手的科学书

杂技团的一天

【法】西尔维娅·吉勒玛　娜塔莉·萨维 等/文

【法】托马·巴阿斯　雷米·萨亚尔 等/图

黄凌霞 /译

人民文学出版社 天天出版社

科学我知道

著作权合同登记：图字 01-2014-8065

YOUPI SERIES

Le cirque© Editions Bayard, 2013

Simplified Chinese translation copyright © 2015 by Daylight Publishing House

ALL RIGHTS RESERVED

图书在版编目（CIP）数据

杂技团的一天 . 科学我知道 / （法）西尔维娅·吉勒玛等文；（法）托马·巴阿斯等图；黄凌霞译 . -- 北京：天天出版社，2019.7

（爱上动手的科学书）

ISBN 978-7-5016-1519-3

Ⅰ.①杂… Ⅱ.①西… ②托… ③黄… Ⅲ.①科学知识—儿童读物

Ⅳ.① Z228.1

中国版本图书馆CIP数据核字(2019)第097426号

这本书属于：

亲爱的小朋友：

　　你了解花园、飞机的发展历史吗？你参观过消防队、杂技团吗？你知道农场、河流、树木、食物、时间的秘密吗？

　　就让我们一起跟着这套精美的"爱上动手的科学书"来了解它们的发展历史，解开它们的秘密，并和爸爸妈妈一起进行有趣的实验操作、制作好玩的玩具吧。

　　小朋友，我们一起把科学快乐地"玩"儿起来吧！

天天出版社

我明白了

你看过小丑、手技演员和杂技演员的表演吗？你知道杂技团的演员们是怎么准备这些节目的吗？他们非常辛苦！看完这本书你就会知道啦。

杂技团的一天

滑稽
杂技团

滑稽

US

游乐园里非常热闹！今天早上杂技团来了。整整一个白天，
演员们都在为晚上的表演做准备。走，我们去后台看看。

3

　　玛利亚和她的家人都在滑稽杂技团工作和生活。他们住在旅行房车里，这样他们就可以在旅途中带着他们的全部家当。晚上，杂技团到达了一个新的城市。第二天一大早，杂技团的男女老少就开始搭建杂技团的表演帐篷。

　　每天早上，玛利亚都要喂马。虽然她也喜欢狮子和老虎，但滑稽杂技团只有一些家养牲畜，因为只有它们习惯和人类一起生活。

然后，她就该学习功课啦。玛利亚不能去上学，因为杂技团巡回演出，他们几乎每天换一个城市。于是，奶奶每天在房车里给她讲课。

中午，玛利亚和全家人一起吃饭。她的爸爸妈妈都是杂技演员，她的舅舅是手技演员，她的奶奶年轻时是走钢丝的杂技演员。

　　午饭后，玛利亚和杂技演员约好了在表演大帐篷里练习翻空心筋斗。玛利亚不能摔倒，不然会伤得很重。因此，她会被绳子吊起来。但她不会害怕，因为帮她拉绳子的是她的爸爸。

表演时间快到了，演员们都到后台准备去了。观众们开始入场，玛利亚给他们领座。

表演开始了！玛利亚躲在幕布后面，看爸爸妈妈在聚光灯下做平衡表演。他们真是太厉害了！

然后，玛利亚跑进她的朋友托尼奥的车厢。托尼奥是小丑演员。几天前，托尼奥建议玛利亚和他合演一个节目。他们进行了认真的排练，但是现在，玛利亚觉得她把节目内容全忘了。

玛利亚化完了装，托尼奥给她穿上一件非常大的外套："快点儿，很快就该我们上场了。"玛利亚有点儿怯场。托尼奥对她说，"这是正常现象，每一位艺术家在登台前都会紧张！"

　　托尼奥和玛利亚的节目讲的是一个伟大的小丑教一个新手小丑怎么扔奶油蛋糕。玛利亚听到别的孩子开心大笑，她也很高兴！

　　表演结束了！托尼奥和玛利亚回到幕布后，所有人都松了口气。观众爆发出雷鸣般的掌声。表演成功了！玛利亚的父母抱着她，祝贺她的成功。玛利亚，加油啊！

所有的节目都结束了。所有的演员都聚集到舞台上向观众谢幕。玛利亚倒立在马背上。她很骄傲，现在她是一名真正的杂技

搭建杂技团的帐篷

首先，在要搭帐篷的位置打一圈桩。

在运输帐篷的拖车两旁竖两根撑竿。

用绳子把帐篷吊起来挂到撑竿顶端。

把帐篷展开，并拴在先前打好的桩上。

然后，把支撑帐篷的杆子安好。

最后，用另外一块帆布将帐篷围好。杂技团就驻扎下来了！

杂技即将上演

14

请你在图中找出：

在售票窗口卖票的女士

跑着去看动物展览的小男孩

拿着麦克风公布节目单的先生

在发节目宣传单的小丑

卖糖的女孩儿

请你在图中找出：

在空中飞的
杂技演员

乐队里的
演奏乐手

被安排在观众
席上的小猴子

在表演双人杂
耍的手技演员

和孙女一样被表演
吸引住的老爷爷

报幕的主持人

17

演员们加油

主持人在表演过程中介绍节目和演员。

鼻子上有红球的是**诙谐小丑**。他们不停地做傻事儿，逗得大家哈哈大笑。

白脸小丑总是很严肃。

这是杂技演员。

魔术师在变魔法。

这是喷火演员。

做柔体表演的杂技演
员的身体非常柔软。

这是做平衡表
演的杂技演员。

走钢丝的杂技演员利用
一根棍子使自己保持平衡。

这个小丑踩在高跷上。

动物们加油

狗、海狮、猴子、马……许多动物都在杂技团生活和工作。

驯兽员把鞭子抽得噼啪作响，猛兽们都听从他的指挥。

马术演员对马进行了几个月的训练，让它们学会表演节目。

大象用灵巧的鼻子把**驭象人**卷起来，并让他躺在自己的头上。

小狗们很敏捷，它们可以表演很多滑稽的节目。

只要有耐心，我们能训练各种动物表演节目。

杂技团简史

    2000年前，罗马人发明了杂技表演。他们的表演节目很残酷：**角斗士**和野兽对打。

    中世纪，手技演员和穿着动物造型服装的演员在集市上表演。我们叫他们**街头艺人**。

    100年前，玲玲杂技团的大帐篷里有三个舞台。

现在

北京杂技团的**杂技**举世闻名。

莫斯科大杂技团推出了在冰上表演的节目。

太阳杂技团以其精湛的表演享誉全球。

杂技团学校

你是不是很想表演杂技，学习手技或在高空秋千上飞来飞去？

你能在杂技团学校里学习这些……

对，有这样的学校！

布努诺在练习平衡状态下的手技。

这也是布努诺。他在练习走钢丝。

斯丹凡尼正在高空秋千上荡来荡去。

卡洛琳娜在表演小丑节目。观众们笑声不断，她成功了！

生活就是一本百科全书，火警电话不全是119，马戏团的小丑要戴红鼻头，农场里的母鸡能孵出小鸡，超市里买来的鸡蛋只会变成臭鸡蛋！这是为什么？那是为什么？生活中这样的趣味知识比比皆是。用一双好奇的眼睛来打量这个世界，一切都变得妙趣横生。百科即生活，生活是百科。与孩子一起来体验奇妙的生活百科，收获的不仅仅是知识，更有快乐和梦想。

——史军（果壳阅读图书策划人，科学松鼠会成员，植物学博士，出版多部畅销科普图书）

这套书强调的是和孩子进行互动，先看、后听、再理解，然后动手做相关的小制作和小活动，不仅文图精致，而且活动恰当，有吸引力，让孩子们一书多用。相信孩子们一定会喜欢这套"动眼、动口、动脑还动手"的少儿科普书。

——段玉佩（北京四中生物老师，科学松鼠会成员，央视少儿频道的常驻嘉宾，参加《芝麻开门》等多个科普节目）

这套书既介绍了大自然中有趣的博物学常识，又介绍了为我们的现代化生活提供便利的产业和职业，从而向孩子们呈现了现代世界的完整面貌。表面看来，这些知识全都围绕着日常生活打转——蔬菜水果啦，树木啦，餐具啦，钟表啦……然而，从这些孩子们常常接触、甚至是每天接触的东西出发，每一分册都对相关的一个知识领域做了纵深发掘。有些知识甚至是成人都未必知道的。

——刘夙（中国科学院植物研究所博士，果壳网知名作者，上海辰山植物园科普部工程师，科普作家）

对于低龄小宝贝而言，用这套书做科学启蒙最适合不过了。不同于市面上一般的低幼科普，这套书不仅仅涵盖了广泛的自然科学，还把相关的人文历史知识自然地融合其间。最难能可贵的是，颇具幽默感的多种互动和手工，牢牢抓住了小宝贝的兴趣点和心理需要。

——张欣（妈咪宝贝传媒主任编辑）

这套源于生活、用于生活的科普图画书实现了"学"与"玩"的结合，让孩子们真正"在学中玩，在玩中学"，在阅读、游戏、实验、手工中快快乐乐地学科学。

——王雁（华东师范大学学前教育博士）

绿色印刷 保护环境 爱护健康

法国第一亲子科学书

爱上动手的科学书

热闹的农场

【法】西尔维娅·吉勒玛　娜塔莉·萨维 等 / 文

【法】托马·巴阿斯　雷米·萨亚尔 等 / 图

黄凌霞 / 译

人民文学出版社　天天出版社

科学我知道

著作权合同登记：图字 01–2014–8065

YOUPI SERIES

La ferme © Editions Bayard, 2013

Simplified Chinese translation copyright © 2015 by Daylight Publishing House

ALL RIGHTS RESERVED

图书在版编目（CIP）数据

热闹的农场 . 科学我知道 / (法) 西尔维娅·吉勒玛等文 ; (法) 托马·巴阿斯
等图 ; 黄凌霞译 . -- 北京 : 天天出版社 , 2019.7
（爱上动手的科学书）
ISBN 978–7–5016–1519–3

Ⅰ . ①热… Ⅱ . ①西… ②托… ③黄… Ⅲ . ①科学知识—儿童读物
Ⅳ . ① Z228.1

中国版本图书馆CIP数据核字(2019)第098103号

这本书属于：

亲爱的小朋友：

　　你了解花园、飞机的发展历史吗？你参观过消防队、杂技团吗？你知道农场、河流、树木、食物、时间的秘密吗？

　　就让我们一起跟着这套精美的"爱上动手的科学书"来了解它们的发展历史，解开它们的秘密，并和爸爸妈妈一起进行有趣的实验操作、制作好玩的玩具吧。

　　小朋友，我们一起把科学快乐地"玩"儿起来吧！

天天出版社

我明白了

你每天吃的东西都是农场的动植物提供的。翻开这本书你就会发现农场的工作是怎样的。

欢迎来到农场

吕克和阿涅丝是农场主。他们在农场里养了奶牛,种了葡萄,还种了蔬菜。走,我们一起去他们家参观一下吧。

吕克和阿涅丝的奶牛常年生活在草场上。它们吃新鲜的牧草。每天早上，吕克在牧羊犬汤姆的帮助下，把奶牛赶到挤奶房里。

吕克用电子挤奶器为奶牛自动挤奶。吕克每周两次用卡车将挤出的鲜奶送到乳品厂。在那里，鲜奶被加工成奶酪。

　　门外有一辆车在按喇叭。哦，是兽医来了。他并不常来，因为家畜们很少生病。但是今天，阿涅丝打了电话请他来，是因为他们的奶牛罗塞特的一只眼睛被昆虫蜇了。

　　兽医给罗塞特用了一点儿抗生素。这种药的成分会渗透到奶里，所以要等到罗塞特痊愈了，阿涅丝和吕克才会继续卖它产的奶。

挤完奶，吕克给奶牛们送上丰盛的早餐——玉米、三叶草和苜蓿。这些都是吕克在自己农场里种的，他不想给奶牛吃工厂生产的饲料。

吕克把奶牛们放回了牧场。现在，他把牛粪和麦秸秆收集起来，因为这两种东西的混合腐化物是上等的肥料。这种肥料不但能帮助农作物迅速生长，而且不会污染土地。

这时，阿涅丝把太阳能采集器和电池连接起来，这样就能够将太阳能转化成电能，用于农场外围的电网。小心，不要让手指触电！

吃完午饭，吕克和阿涅丝清除缠绕在树篱上的荆棘。树篱很重要，能涵养水分，就像一个巨大的池塘！

第二天，吕克把奶牛产生的肥料撒到地里。过不了多久，他还要翻地，使泥土和肥料充分混合。之后，他就要开始播种。

汪汪

吕克碰到了他的邻居弗朗索瓦。他们谈起了化肥，觉得它虽然能帮助农作物生长，但会污染土地，使家畜和人的健康受到威胁。吕克认为应该发明别的方式来耕种土地。

然后，吕克找到正在修剪葡萄藤的阿涅丝。每年秋天，他们都会手工采摘葡萄，自酿葡萄酒——那是世界上最香醇的葡萄酒！

晚上，阿涅丝和吕克在网上查看农业机械的目录。他们想买一辆小型拖拉机，在葡萄园里使用。

　　又是新的一天，阿涅丝和吕克在农场里接待来参观的小学生。孩子们给他们带来了惊喜，孩子们会模仿奶牛和山羊的叫声。太好玩儿了！

　　做农活啦！阿涅丝给孩子们讲解怎样在菜园里种植做沙拉用的蔬菜和胡萝卜。然后她给了孩子们一些花的种子，昆虫和蜗牛见了这些花都会躲开。

但是，大家很快都去了羊圈，因为一只小羊羔就要出生了。阿涅丝和吕克帮助母羊躺下来。嘘！孩子们都安静下来，以免惊吓到母羊。

吃甜点啦！孩子们狼吞虎咽地吃着大蛋糕，这是阿涅丝用去年秋天在树篱上采摘的浆果做的。孩子们从来没有吃过这么好吃的蛋糕！

三月的农场

春天来了。在吕克和阿涅丝的农场里，
每个人都在忙碌着。

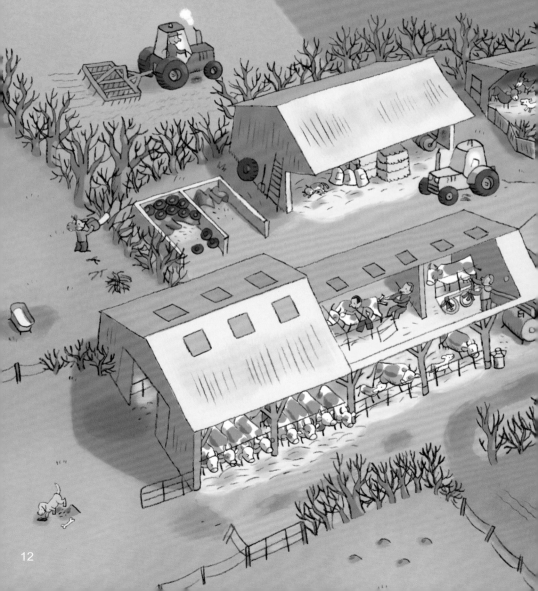

请你在图中找出：

吕克帮助兽医为一头母牛接生

索菲在用电锯修剪树篱

克拉拉正在育种

艾玛和爱丽丝在用木屑保护土壤

阿涅丝用电脑算账

布鲁诺在为播种做准备

13

八月的农场

夏天到了！这是大地丰收的季节。同样，在挤奶房和菜园里有很多活要干……

请你在图中找出：

艾玛和阿黛拉一起在
树篱那里采摘浆果

吕克把奶牛
赶进挤奶房

 索菲在做果酱

布鲁诺在修理
小推车的轮胎

阿涅丝在给菜园
里的蔬菜浇水

莫妮卡正牵着
山羊去吃嫩草

爱丽丝骑着自行车
去购物

克拉拉驾驶着
收割机收小麦

15

牛奶从哪里来

在你家厨房的冰箱里，肯定有一瓶牛奶。你知道牛奶是从哪里来的吗？

奶牛在牧场上吃草。它们的乳房里产生了奶汁。

农场工人分别将小管子套到每头奶牛的乳头上。

奶牛每天要挤两次奶。它们知道去挤奶房的路怎么走。

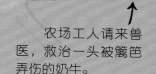

农场工人请来兽医，救治一头被篱笆弄伤的奶牛。

这个机器可以自动挤奶。

牛奶被放到一个大罐子里进行低温保存。

每隔一天就会有一辆罐车把牛奶运送到乳品厂。

17

在乳品厂，牛奶被加工成酸奶、黄油……

乳品厂

罐车把牛奶运送到乳品厂。

周围农场的牛奶都被储存在这个大罐子里。

这个工作人员负责检查牛奶的质量。

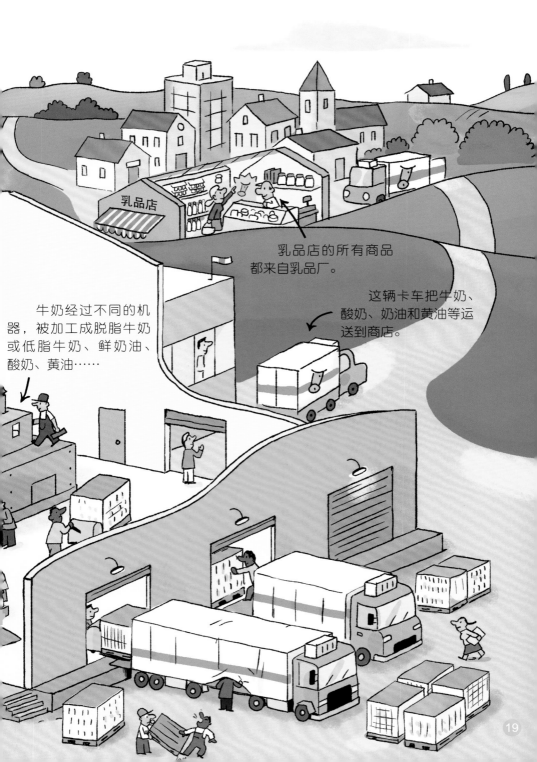

乳品店

乳品店的所有商品都来自乳品厂。

这辆卡车把牛奶、酸奶、奶油和黄油等运送到商店。

牛奶经过不同的机器，被加工成脱脂牛奶或低脂牛奶、鲜奶油、酸奶、黄油……

19

家畜和它们的幼崽

公绵羊

母绵羊

小绵羊

雌火鸡

雄鸭

雌鸭

雄火鸡

小火鸡

小鸭

小猪

母猪

公猪

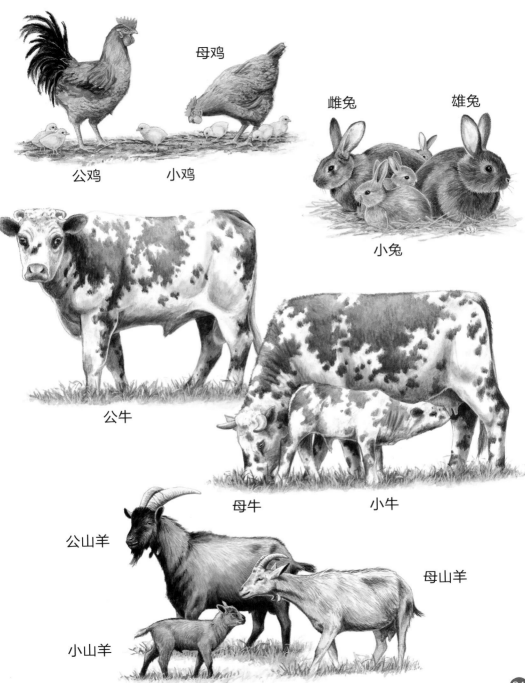

母鸡

雌兔　　　　雄兔

公鸡　　　小鸡

小兔

公牛

母牛　　　　小牛

公山羊

母山羊

小山羊

21

农场产品

你每天吃的东西都来自农场。

用牛奶做成的：

黄油

酸奶

奶酪

用小麦做成的：

面粉

馅饼

面包

用玉米做成的：

玉米片

爆米花

玉米糊

用水果做成的:

果酱

果泥

果汁

用猪肉做成的:

香肠

火腿

肥肉丁

用番茄做成的:

番茄汤

番茄酱

番茄罐头

先进的拖拉机

很多农场主都使用大型农用机械耕种土地。

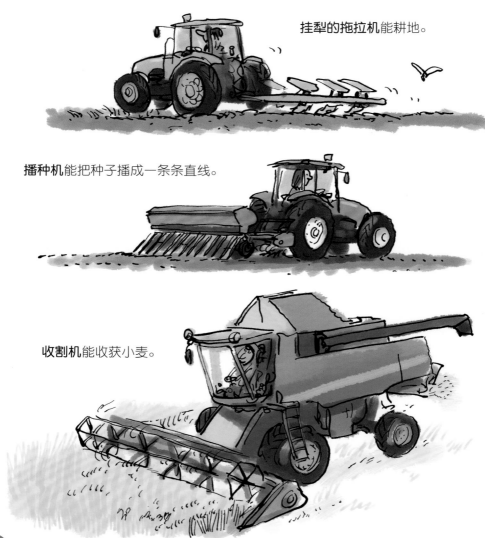

挂犁的拖拉机能耕地。

播种机能把种子播成一条条直线。

收割机能收获小麦。

生活就是一本百科全书，火警电话不全是119，马戏团的小丑要戴红鼻头，农场里的母鸡能孵出小鸡，超市里买来的鸡蛋只会变成臭鸡蛋！这是为什么？那是为什么？生活中这样的趣味知识比比皆是。用一双好奇的眼睛来打量这个世界，一切都变得妙趣横生。百科即生活，生活是百科。与孩子一起来体验奇妙的生活百科，收获的不仅仅是知识，更有快乐和梦想。

——史军（果壳阅读图书策划人，科学松鼠会成员，植物学博士，出版多部畅销科普图书）

这套书强调的是和孩子进行互动，先看、后听、再理解，然后动手做相关的小制作和小活动，不仅文图精致，而且活动恰当，有吸引力，让孩子们一书多用。相信孩子们一定会喜欢这套"动眼、动口、动脑还动手"的少儿科普书。

——段玉佩（北京四中生物老师，科学松鼠会成员，央视少儿频道的常驻嘉宾，参加《芝麻开门》等多个科普节目）

这套书既介绍了大自然中有趣的博物学常识，又介绍了为我们的现代化生活提供便利的产业和职业，从而向孩子们呈现了现代世界的完整面貌。表面看来，这些知识全都围绕着日常生活打转——蔬菜水果啦，树木啦，餐具啦，钟表啦……然而，从这些孩子们常常接触、甚至是每天接触的东西出发，每一分册都对相关的一个知识领域做了纵深发掘。有些知识甚至是成人都未必知道的。

——刘夙（中国科学院植物研究所博士，果壳网知名作者，上海辰山植物园科普部工程师，科普作家）

对于低龄小宝贝而言，用这套书做科学启蒙最适合不过了。不同于市面上一般的低幼科普，这套书不仅仅涵盖了广泛的自然科学，还把相关的人文历史知识自然地融合其间。最难能可贵的是，颇具幽默感的多种互动和手工，牢牢抓住了小宝贝的兴趣点和心理需要。

——张欣（妈咪宝贝传媒主任编辑）

这套源于生活、用于生活的科普图画书实现了"学"与"玩"的结合，让孩子们真正"在学中玩，在玩中学"，在阅读、游戏、实验、手工中快快乐乐地学科学。

——王雁（华东师范大学学前教育博士）

绿色印刷 保护环境 爱护健康

亲爱的读者朋友：

　　本书已入选"北京市绿色印刷工程——优秀出版物绿色印刷示范项目"。它采用绿色印刷标准印制，在封底印有"绿色印刷产品"标志。

　　按照国家环境标准（HJ2503–2011）《环境标志产品技术要求 印刷 第一部分：平版印刷》，本书选用环保型纸张、油墨、胶水等原辅材料，生产过程注重节能减排，印刷产品符合人体健康要求。

　　选择绿色印刷图书，畅享环保健康阅读！

北京市绿色印刷工程

法国第一亲子科学书

爱上动手的科学书

花园是这样建成的

【法】西尔维娅·吉勒玛　娜塔莉·萨维 等/文

【法】托马·巴阿斯　雷米·萨亚尔 等/图

黄凌霞/译

人民文学出版社　天天出版社

科学我知道

著作权合同登记：图字 01–2014–8065

YOUPI SERIES

Au jardin © Editions Bayard, 2014

Simplified Chinese translation copyright © 2015 by Daylight Publishing House

ALL RIGHTS RESERVED

图书在版编目（CIP）数据

花园是这样建成的 . 科学我知道 /（法）西尔维娅·吉勒玛等文；（法）托马·巴阿斯等图；黄凌霞译 . —— 北京：天天出版社，2019.7
（爱上动手的科学书）
ISBN 978–7–5016–1519–3

Ⅰ . ①花… Ⅱ . ①西… ②托… ③黄… Ⅲ . ①科学知识—儿童读物
Ⅳ . ① Z228.1

中国版本图书馆CIP数据核字(2019)第098098号

这本书属于：

亲爱的小朋友：

你了解花园、飞机的发展历史吗？你参观过消防队、杂技团吗？你知道农场、河流、树木、食物、时间的秘密吗？

就让我们一起跟着这套精美的"爱上动手的科学书"来了解它们的发展历史，解开它们的秘密，并和爸爸妈妈一起进行有趣的实验操作、制作好玩的玩具吧。

小朋友，我们一起把科学快乐地"玩"儿起来吧！

天天出版社

我明白了

你知道花园的发展历史吗？你知道花园里有哪些植物和动物吗？你知道园丁是怎样工作的吗？翻开这本书你就知道啦。

美丽的花园

很久以前，人们就创造了花园。花园里有树，有花，有蔬菜，什么都可以种在那儿。

　　4500年前，埃及人创造出了第一个花园。有钱人在那里享受绿荫，同时，他们在花园里种植了一些能带来好运的花，向他们的神致敬。

　　据说2500年前的巴比伦空中花园是世界奇迹之一。巴比伦人将花园修建在高台上，因为当时的国王希望花园看起来像一座山。

　　在古罗马时代，花园修建在房子中间。花园的四周有长廊包围着。古罗马人在花园里种植花草、水果和蔬菜。

　　在中世纪，阿拉伯王子希望他们的花园看起来像天堂。他们在花园里建造了喷泉，还种植了各种香气扑鼻的鲜花。

在日本，和尚们用鹅卵石和岩石修建花园。看着花园，他们把它想象成海洋、岛屿、高山……

在中世纪的欧洲，乡野里常有狼群和匪帮出没……教士们将他们的花园"藏"在修道院里。

在17世纪的法国，国王为了显示他的富有和能够战胜自然的能力，让园丁们在城堡旁边修建了复杂、考究的大花园。

200年前，人们开始热衷于园艺，每家每户都修建了自己的花园。花园成了孩子们的乐土！

　　150年前，大城市的居民想不走远路就享受到自然风景，于是人们修建了很多模仿自然风景的公园。

　　100年前，工人们很穷。他们常常为了省下买菜钱而种菜。这些小菜园就被称为工人的花园。

现在，在城市里，楼房越来越多，可以修建花园的地方越来越少。但城市里的居民很想亲近自然，因此，他们在露台或阳台上种植物。所有的城市都有公园，孩子们可以在里面跑来跑去，呼吸新鲜空气。

夏天的花园

天气真好！所有人都在花园里忙碌着。

孩子们在栗子树的树荫里玩耍。

这位先生想让自己的狗在专门为狗准备的沙池里大便。

夏天也是鲜花盛开的季节。这些玫瑰花好香啊！

老奶奶在给
西红柿做支架。

老爷爷在
采摘樱桃。

爸爸在准备浇水管。
今天晚上他要给草坪浇水。
为了不让水分很快蒸发，他选
在太阳落山之
后浇水。

妈妈在修剪草坪。
夏天，草长得很快。

11

冬天的花园

别以为冬天的花园里没什么好玩儿的。其实，我们可以进行好多活动。

哎哟！**栗子壳**扎手。我们不能吃栗子壳，但是可以玩儿啊。

市政工作人员在修剪**枝条**，这样树枝就不会掉落到路上。

番红花和雪花莲在隆冬季节开放。

园丁们种下一些郁金香的**球茎**，它们明年春天会开花。

老奶奶拔了几根葱。

老爷爷在收割野苣。

爸爸在给覆盆子剪枝，为了让它来年夏天长得更好。

妈妈往鸟巢里加了些谷物。

13

园丁的工作

除草、播种、育苗、翻地、剪枝……这就是园丁的工作。你认识他们使用的工具吗?

用耙平整土地或收拢落叶很方便。

用锄除草更快捷!

用铁锹可以挖洞或翻地。

用修枝剪可以剪去多余的小枝。

用挖穴小手铲能很快地挖出小坑,把幼苗种进去。

14

在果园里，种了苹果树、梨树、樱桃树……还有其他各种果树。

用洒水壶浇水比较轻柔，不会伤害到植物。

在菜园里，种了各种蔬菜：番茄、扁豆、生菜……

留一个僻静的角落，让园丁的朋友们在这儿生活。

15

五彩缤纷的花儿

这些花有的是野生的，有的是家养的，但都是你在花园里经常能看到的。

仔细观察下面这朵花的结构。

在花的中心，有一些很细的茎。它们最后会变成种子，它们是**雌蕊**。

花瓣可以是五颜六色的。

这些小茎是**雄蕊**，它们产生一种黄色的粉末，被称为花粉。通常，昆虫到花朵上就是去吃花粉的。

传　　粉

当昆虫在花朵上采蜜时，它的身上就会粘上花粉。

当它飞到另外一朵花上时，它身上的花粉就落在了这朵花的雌蕊上。

不久以后，花凋谢了，变成了果实，果实里面藏着种子。

让我们来认识一下它们！

这是所有人都认识的**蒲公英**。

汉荭鱼腥草会开漂亮的玫瑰色小花。它是天竺葵的近亲。

雏菊就像小菊花。

毛茛也叫金纽扣，它宽大的花瓣在太阳光下分外耀眼。

勿忘我太美了！园丁们都爱种这种花。

蓟有刺，所以人们不是很喜欢它，虽然它的颜色很鲜艳。

三叶草也会开花！蜜蜂和熊蜂都很喜欢采它的花蜜。

花园里的鸟儿

这就是我们在花园里经常能见到的鸟儿。

在喙的上面，**鼻孔**被一根羽毛遮盖着。

耳朵躲在羽毛的后面。

翅膀折叠在身体的两侧。

喙很坚硬。它是角质的，就像我们的指甲一样。

翅膀和尾巴上的**羽毛**都很长。

当鸟儿站在树枝上时，它的**尾巴**能帮助它保持平衡。

鸟爪只有四个指头，指尖上有尖尖的指甲。

在结构上，鸟的翅膀和人类的手臂是一样的。

它的**手**只有一个指头。

手腕在这儿。

手肘在这儿。

翅膀上的羽毛可以打开，也可以折叠，就像折扇一样。

在飞行的时候，鸟用它的**尾羽**控制方向和速度。

让我们来认识一下它们！

山雀

白脸山雀

茶腹䴓

黑头莺

旋木雀

灰雀

鹪鹩

燕雀

红喉雀

花园里的小生物

花园里生活着大量的昆虫和小动物。

蜜蜂在花丛中飞舞是为了采集花粉和花蜜。你不用害怕它们。只要你不侵犯它，它就不会攻击你。

鹿角锹甲虫有一对很大的颚，这是它主要的战斗武器。

有了**瓢虫**，蚜虫就被消灭了，花儿也就不会受到威胁。

蚱蜢的头上有两根细触须，后肢发达，平时折叠着，跳跃行进的时候才会打开。

螳螂的前肢很发达，平时折叠着放在身前，捕猎其他昆虫时才会伸展开，并用末端形似弯刀的爪子钩住猎物。

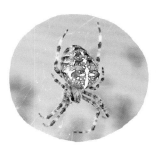

圆网蛛很有耐心。它正在等待着昆虫撞到它精心编织的网上来。

鼠妇，又称湿生虫、潮虫，它不是蜈蚣，它是虾的近亲。

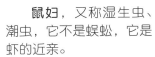

蟾蜍不是青蛙的爸爸。蟾蜍和青蛙是两个不同的物种。

看，萤火虫的雌虫点亮了它的灯笼。它没有翅膀，但是能发出一种黄绿色的亮光吸引雄虫。

大蚊看起来像蚊子，但它不会咬人。

你一晚上都能听到蟋蟀的叫声。

刺猬主要吃祸害生菜的蛞蝓和蜗牛。

21

翩翩起舞的蝴蝶

在开满鲜花的花园里，我们能看到上下翻飞的蝴蝶。它们真的太美了！

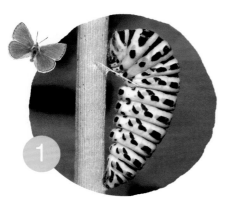

最开始是一只**毛毛虫**。它吃很多树叶，不停地长大。然后，它用一根**丝**把自己绑在树干上。

接着，它蜕变成一只**蛹**。蛹的身体内部孕育着蝴蝶。这个孕育过程要持续几个星期。这就是生物学中所说的变态。

变态完成后，蝴蝶破茧而出。

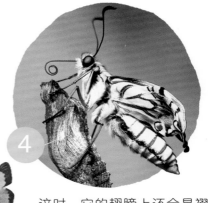

这时，它的翅膀上还全是褶皱。它让翅膀悬着，直到褶皱消失，翅膀变干变硬。

让我们来认识一下它们。

长喙天蛾

赤蛱蝶

草地褐蝶

龟壳纹小蛱蝶

菜粉蝶

豆粉蝶

金凤蝶

黄蛱蝶

青线凤蝶

小红蛱蝶

孔雀蝶

准备做园艺

做园艺之前，我们要准备装备，还要不怕脏。

帽子可以遮挡太阳光。

厚实的**外套**要盖住手臂，避免手臂被划伤。

在口袋里装几根**酒椰叶纤维**，用它们可以把植物绑在支撑杆上，非常实用！

手套保护双手不被刺扎伤。

护膝可以让你跪着劳动时不会弄伤膝盖。

厚长裤有裤兜，方便装修枝剪等。

靴子非常方便，让脚在地里行走时不会湿。

专家推荐

　　生活就是一本百科全书，火警电话不全是119，马戏团的小丑要戴红鼻头，农场里的母鸡能孵出小鸡，超市里买来的鸡蛋只会变成臭鸡蛋！这是为什么？那是为什么？生活中这样的趣味知识比比皆是。用一双好奇的眼睛来打量这个世界，一切都变得妙趣横生。百科即生活，生活是百科。与孩子一起来体验奇妙的生活百科，收获的不仅仅是知识，更有快乐和梦想。

　　　　——史军（果壳阅读图书策划人，科学松鼠会成员，植物学博士，出版多部畅销科普图书）

　　这套书强调的是和孩子进行互动，先看、后听、再理解，然后动手做相关的小制作和小活动，不仅文图精致，而且活动恰当，有吸引力，让孩子们一书多用。相信孩子们一定会喜欢这套"动眼、动口、动脑还动手"的少儿科普书。

　　　　——段玉佩（北京四中生物老师，科学松鼠会成员，央视少儿频道的常驻嘉宾，参加《芝麻开门》等多个科普节目）

　　这套书既介绍了大自然中有趣的博物学常识，又介绍了为我们的现代化生活提供便利的产业和职业，从而向孩子们呈现了现代世界的完整面貌。表面看来，这些知识全都围绕着日常生活打转——蔬菜水果啦，树木啦，餐具啦，钟表啦……然而，从这些孩子们常常接触、甚至是每天接触的东西出发，每一分册都对相关的一个知识领域做了纵深发掘。有些知识甚至是成人都未必知道的。

　　　　——刘夙（中国科学院植物研究所博士，果壳网知名作者，上海辰山植物园科普部工程师，科普作家）

　　对于低龄小宝贝而言，用这套书做科学启蒙最适合不过了。不同于市面上一般的低幼科普，这套书不仅仅涵盖了广泛的自然科学，还把相关的人文历史知识自然地融合其间。最难能可贵的是，颇具幽默感的多种互动和手工，牢牢抓住了小宝贝的兴趣点和心理需要。

　　　　　　　　——张欣（妈咪宝贝传媒主任编辑）

　　这套源于生活、用于生活的科普图画书实现了"学"与"玩"的结合，让孩子们真正"在学中玩，在玩中学"，在阅读、游戏、实验、手工中快快乐乐地学科学。

　　　　　　　　——王雁（华东师范大学学前教育博士）

绿色印刷 保护环境 爱护健康

亲爱的读者朋友：

　　本书已入选"北京市绿色印刷工程——优秀出版物绿色印刷示范项目"。它采用绿色印刷标准印制，在封底印有"绿色印刷产品"标志。

　　按照国家环境标准（HJ2503-2011）《环境标志产品技术要求 印刷第一部分：平版印刷》，本书选用环保型纸张、油墨、胶水等原辅材料，生产过程注重节能减排，印刷产品符合人体健康要求。

　　选择绿色印刷图书，畅享环保健康阅读！

北京市绿色印刷工程

法国第一亲子科学书

爱上动手的科学书

飞机起飞啦

【法】西尔维娅·吉勒玛 娜塔莉·萨维 等 / 文

【法】托马·巴阿斯 雷米·萨亚尔 等 / 图

黄凌霞 / 译

人民文学出版社 天天出版社

科学我知道

著作权合同登记：图字 01-2014-8065

YOUPI SERIES

Les avions © Editions Bayard, 2013

Simplified Chinese translation copyright © 2015 by Daylight Publishing House

ALL RIGHTS RESERVED

图书在版编目（CIP）数据

飞机起飞啦. 科学我知道 /（法）西尔维娅·吉勒玛等文 ;（法）托马·巴阿斯
等图 ;黄凌霞译 . -- 北京 : 天天出版社 , 2019.7

（爱上动手的科学书）

ISBN 978-7-5016-1519-3

Ⅰ . ①飞… Ⅱ . ①西… ②托… ③黄… Ⅲ . ①科学知识—儿童读物

Ⅳ . ① Z228.1

中国版本图书馆CIP数据核字(2019)第097436号

这本书属于：

亲爱的小朋友：

　　你了解花园、飞机的发展历史吗？你参观过消防队、杂技团吗？你知道农场、河流、树木、食物、时间的秘密吗？

　　就让我们一起跟着这套精美的"爱上动手的科学书"来了解它们的发展历史，解开它们的秘密，并和爸爸妈妈一起进行有趣的实验操作、制作好玩的玩具吧。

　　小朋友，我们一起把科学快乐地"玩"儿起来吧！

天天出版社

我明白了

你知道应该怎样准备一次飞行吗？你知道到目前为止，人类发明了多少种飞行器吗？快翻开这本书看看吧。

机长埃里克

　　这是机长埃里克。他驾驶着世界上最大的载客飞机——A380。现在是早上8点30分，埃里克已经来到了位于法国巴黎郊区的鲁瓦西机场。两个小时后，他将飞往美国纽约。每一次与他一起执行飞行任务的乘务组成员都不一样。他迫切地想知道这次他将与哪些人合作！

埃里克与乘务组碰面了。他正在和副机长欧丽安娜以及空乘人员一一打招呼。

随后，埃里克和欧丽安娜一起开始为这次飞行做准备工作。气象卫星云图显示他们的航线上会有暴雨云。为了绕开暴雨云，埃里克计划让飞机携带比平时更多的燃料。

乘务组已经登上飞机准备迎接乘客，而埃里克正在检查油箱是否已加满。给A380加满油需要的油量，足够给4000辆汽车加满油！

然后，埃里克回到驾驶舱和欧丽安娜会合。当欧丽安娜在飞机的电脑上输入飞行计划时，埃里克和机械师见了面，机械师已经检查完了飞机的各个引擎，他对埃里克说："各部分运转都正常！"

现在是10点15分，一切准备就绪。一位工程师正驾驶着卡车往后推着飞机，因为A380没有倒挡。

当接到控制塔同意起飞的通知后，埃里克推动油门操纵杆，喷气式发动机开始怒吼，飞机起飞了。这将是一段8小时的飞行！

起飞

飞机加速。

不久，机头抬起来了。

埃里克驾驶的飞机已经飞上了11000米的高空，这一高度远远高于云层，以每小时900公里的速度飞行。

在机舱里，空乘人员为乘客们送来午饭。他们为机上700位乘客提供微笑服务。

当飞机达到每小时300公里的速度时，就可以飞起来了。

此时，飞行员会把起落架收起来。

飞机此时正飞在大海的上空。在埃里克的前方出现了他曾在气象卫星云图中看到过的暴雨云。他请乘务长通知全体乘客系好安全带。

埃里克已经驾驶着A380安全绕过了暴雨云，但可能因为有气旋，飞机还是被气流吹得摇晃起来。机翼摆动了几下，但它们非常结实，没有受到丝毫影响。

　　飞机绕开了一片巨大的黑云。前面，阳光灿烂。埃里克通过话筒对乘客说："我是机长。一切正常，我们将在预定的时间到达纽约。"埃里克想，在天空自由翱翔是多么美妙啊！

我们登机了

这架飞机即将起飞。围着它的
这些人都是谁呢？

请你在图中找出：

 检查喷气式发动机的**工程师**

 正在登机的**女乘客**

 往飞机上运饮料的**空中小姐**

 已在驾驶舱的**机长**

 正在用传送带搬运行李的**行李搬运工**

 在给飞机加油的**加油员**

在云中

飞机起飞了，正在飞行中。
在飞机上，每个人都在忙什么呢？

请你在图中找出：

 正在驾驶飞机的 **副驾驶**

 想上厕所的 **小男孩**

 在头等舱睡觉的 **乘客**

 正在为乘客送饮料的 **乘务长**

 打开行李箱的 **女乘客**

 安装在机头里的 **雷达**

各种各样的飞行器

直升飞机能停留在空中。

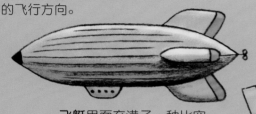

滑翔伞有一个布做的翅膀，我们能通过绳索控制它的飞行方向。

协和式飞机是一种超音速飞机，也就是说它的飞行速度比声音的传播速度还快。

飞艇里面充满了一种比空气还轻的气体。

滑翔机没有发动机，但它同样能飞。

水上飞机可以在水面降落，因为它的下半部分可以浮在水上。

飞机有两种飞行方式

超轻型飞机是一种体积小重量轻的滑翔机，装有螺旋桨。

第二种方式是由螺旋桨产生动力。螺旋桨转动时形成了一股向后的气流，使飞机前进。

第一种方式是由喷气式发动机向后喷出炽热的气体。

特技飞机能在空中展示飞行特技。

货运飞机能搭载很重的货物。

观光飞机是一种可以带乘客观光的小型飞机。

热气球是用热空气作为浮升气体的气球。

双翼机配备有上下并列的两个机翼。

客机用于运载大量的乘客。

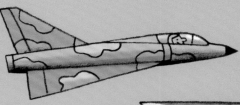

歼击机是一种装备了武器的作战飞机。

航天飞机能到太空中去执行任务。

悬挂式滑翔机装有一个具有很高滑翔性能的三角翼。

飞行的冒险

早在史前时期，原始人就梦想着能像鸟儿一样在天空自由地飞翔！让我们一起来看看人类在学习飞行的过程中遇到了哪些困难，他们最后又是怎样发明了飞机的。

几个世纪以来，人们试着用木头、布，甚至羽毛来做翅膀，但最后他们都没有飞起来。

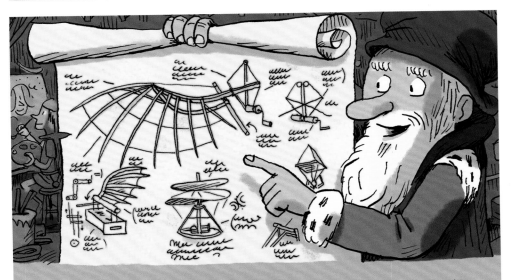

500年前，著名的画家和发明家列奥纳多·达·芬奇画了很多飞行器。但是它们都没有发动机，而且太沉了，因为那时候发动机还没有被发明出来。

1783年，两位法国人制造了一个热气球，可以搭载两个人升到1000米的高空。这两位发明人叫蒙特哥菲尔兄弟*，于是，我们将热气球用他们的名字来命名。这是人类第一次飞离地面。

*法语里，热气球的单词是"Montgolfiere"，也就是"蒙特哥菲尔兄弟"的名字。

在1891年到1896年之间，一个名叫奥托·李林塔尔的德国人制造了一架没有发动机的滑翔机，他从山顶上往下试飞了两千多次。人们称他"滑翔机之父"。

1903年，两位美国人莱特兄弟用一个螺旋桨发动机制造了一架飞机，并且试飞成功。这个飞机甚至还能转弯，这在当时是难以想象的！

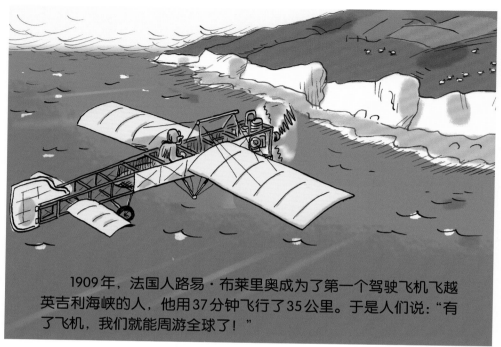

1909年，法国人路易·布莱里奥成为了第一个驾驶飞机飞越英吉利海峡的人，他用37分钟飞行了35公里。于是人们说："有了飞机，我们就能周游全球了！"

1913年，俄国人伊戈尔·伊万诺维奇·西科斯基制造了第一架大型运输机：搭载了8名乘客，胆子大的乘客还站在了飞机的露台上看风景。

在第一次世界大战期间，人们制造了很多飞机，速度越来越快，也越来越好操纵。但这些飞机不得不用于残酷的战争。

1927年，美国人查尔斯·林白成为第一个驾驶飞机飞越大西洋的人。当时他一个人开着飞机飞了30多个小时，没有睡觉！

这之后，人们开始使用飞机运送邮件，这使得邮件能穿过大洋，越过高山，更快地到达更远的地方。

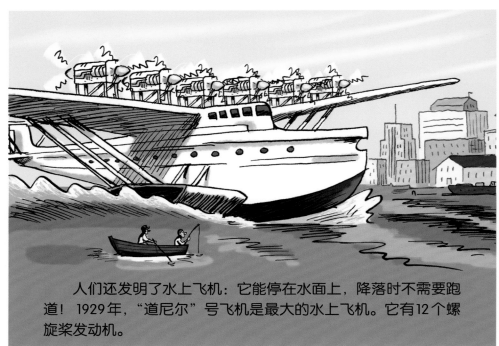

人们还发明了水上飞机：它能停在水面上，降落时不需要跑道！1929年，"道尼尔"号飞机是最大的水上飞机。它有12个螺旋桨发动机。

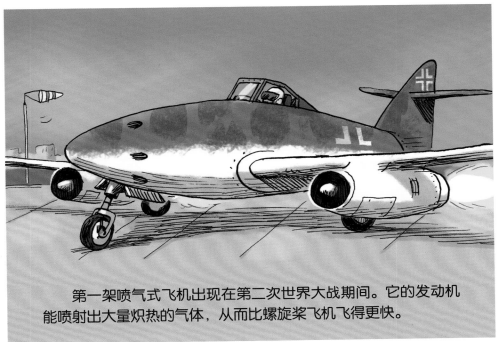

第一架喷气式飞机出现在第二次世界大战期间。它的发动机能喷射出大量炽热的气体，从而比螺旋桨飞机飞得更快。

多亏了喷气式发动机的发明，人们才能制造出越来越大的飞机。比如"大白鲸"号飞机就能搭载制造其他飞机的配件！

　　这就是世界上最大的客机——空中客车A380。有73米长，相当于7辆公交车的长度，能搭乘850名乘客。当你长大了，那时候你可能会乘坐比这还大的飞机去旅行！

生活就是一本百科全书，火警电话不全是119，马戏团的小丑要戴红鼻头，农场里的母鸡能孵出小鸡，超市里买来的鸡蛋只会变成臭鸡蛋！这是为什么？那是为什么？生活中这样的趣味知识比比皆是。用一双好奇的眼睛来打量这个世界，一切都变得妙趣横生。百科即生活，生活是百科。与孩子一起来体验奇妙的生活百科，收获的不仅仅是知识，更有快乐和梦想。

——史军（果壳阅读图书策划人，科学松鼠会成员，植物学博士，出版多部畅销科普图书）

这套书强调的是和孩子进行互动，先看、后听、再理解，然后动手做相关的小制作和小活动，不仅文图精致，而且活动恰当，有吸引力，让孩子们一书多用。相信孩子们一定会喜欢这套"动眼、动口、动脑还动手"的少儿科普书。

——段玉佩（北京四中生物老师，科学松鼠会成员，央视少儿频道的常驻嘉宾，参加《芝麻开门》等多个科普节目）

这套书既介绍了大自然中有趣的博物学常识，又介绍了为我们的现代化生活提供便利的产业和职业，从而向孩子们呈现了现代世界的完整面貌。表面看来，这些知识全都围绕着日常生活打转——蔬菜水果啦，树木啦，餐具啦，钟表啦……然而，从这些孩子们常常接触、甚至是每天接触的东西出发，每一分册都对相关的一个知识领域做了纵深发掘。有些知识甚至是成人都未必知道的。

——刘夙（中国科学院植物研究所博士，果壳网知名作者，上海辰山植物园科普部工程师，科普作家）

对于低龄小宝贝而言，用这套书做科学启蒙最适合不过了。不同于市面上一般的低幼科普，这套书不仅仅涵盖了广泛的自然科学，还把相关的人文历史知识自然地融合其间。最难能可贵的是，颇具幽默感的多种互动和手工，牢牢抓住了小宝贝的兴趣点和心理需要。

——张欣（妈咪宝贝传媒主任编辑）

这套源于生活、用于生活的科普图画书实现了"学"与"玩"的结合，让孩子们真正"在学中玩，在玩中学"，在阅读、游戏、实验、手工中快快乐乐地学科学。

——王雁（华东师范大学学前教育博士）

绿色印刷 保护环境 爱护健康

爱上动手的科学书

一棵树的一生

【法】西尔维娅·吉勒玛　娜塔莉·萨维 等 / 文
【法】托马·巴阿斯　雷米·萨亚尔 等 / 图
黄凌霞 / 译

人民文学出版社　天天出版社

科学我知道

著作权合同登记：图字 01-2014-8065

YOUPI SERIES

Les arbres© Editions Bayard, 2013

Simplified Chinese translation copyright © 2015 by Daylight Publishing House

ALL RIGHTS RESERVED

图书在版编目（CIP）数据

一棵树的一生.科学我知道 / (法)西尔维娅·吉勒玛等文 ; (法)托马·巴阿斯等图 ; 黄凌霞译 . -- 北京 : 天天出版社 , 2019.7
（爱上动手的科学书）

ISBN 978-7-5016-1519-3

Ⅰ . ①一… Ⅱ . ①西… ②托… ③黄… Ⅲ . ①科学知识—儿童读物
Ⅳ . ① Z228.1

中国版本图书馆CIP数据核字(2019)第096024号

这本书属于：

亲爱的小朋友：

　　你了解花园、飞机的发展历史吗？你参观过消防队、杂技团吗？你知道农场、河流、树木、食物、时间的秘密吗？

　　就让我们一起跟着这套精美的"爱上动手的科学书"来了解它们的发展历史，解开它们的秘密，并和爸爸妈妈一起进行有趣的实验操作、制作好玩的玩具吧。

　　小朋友，我们一起把科学快乐地"玩"儿起来吧！

天天出版社

我明白了

你会看到每种树的叶子和果实都不一样，
而且一棵树的生命可以延续很久很久！

一棵树的一生

这是一棵橡树的故事，它已经500多岁了。它出生在遥远的中世纪。当时，它不过是一粒小小的种子。

1500

1500年的法国是路易十二统治的时代。在一片森林里，一只小松鼠正为过冬储备食物，它在一棵老桦树的旁边埋下了一颗橡子。

1502

两年后，老桦树死了。松鼠忘记了它埋在这里的那颗橡子。橡子发芽了，它的根深深地扎进泥土里，一棵小树苗长出了地面。这时，一只狍子走了过来……它会把这棵小树苗的叶子吃了吗？

1510

没有，狍子只是路过。8年以后，小树苗长成了一棵5米多高的小橡树。此时，两位伐木工正在它周围砍伐成熟的大树。橡树还很幼小，它会长得更粗更大。

1530

30年后，橡树长成了一棵枝繁叶茂的大树。法国又迎来了一位新皇帝——弗朗索瓦一世，他就是这个正斜靠在橡树下休息的人，他刚结束了疲惫的打猎。大部分的森林都被农民砍伐了，因为他们需要更多用来耕种的土地。

1550

现在，橡树50岁了，高达20米！因为它长在一座小山顶上，这儿不适合耕种，因此很幸运没有被砍掉。小山脚下，村子的规模也越来越大。

1600

1600年，亨利四世统治着法国。橡树已经100岁了，30米高。许多鸟儿在它的枝干上做窝。此时，村子已经变成了一座小城市，人们把这座小山叫作"老橡树山"。

今天，橡树已经500多岁了。它老了，累了，却依然挺立！在它周围，城市还在扩张。冬天来了，松鼠又开始储存过冬的坚果和橡子了。当心！小马虎，你又漏掉了一颗……

　　不久之后，一棵小树苗在老橡树旁边长了出来。小橡树的根扎得很深，所以长得非常挺拔。根从土地里吸收水分和养料。不管风霜雪雨，小橡树傲然挺立。

春天的树

　　春天，树醒来了，开始发芽：树枝变粗了，树叶长出来了，花骨朵
儿也露出来了。

从花朵到果实

1. **花朵**里有花粉，花粉会通过风或者昆虫进行传播。

2. 许多昆虫在花丛中穿梭，寻找食物。它们在不知不觉中就把一种黄色的粉末——**花粉**带到了别的地方。

3. 花粉被传播到另一朵花上的过程我们称为**授粉**。

4. 经过授粉的花会慢慢长出**果实**。

5. 樱桃树就是这样结出了**樱桃**。

夏天的树

　　夏天，是一年中树木生长最旺盛的季节，有很多动物都住在树上，在树林里捕食。

有很多动植物生活在树干、树枝和树叶上。

喜鹊喜欢站在最高的树杈上，以便观察周围的情况。

松鼠会从一棵树上跳到另一棵树上。

当一只蜗牛在一片树叶上爬过时，会在叶面上留下黏液的痕迹。

这些洞是吃树叶的昆虫所留下的。

蘑菇从树干上长出来，而树干却在不断地腐烂。

苔藓喜欢在湿润且有一定阳光的环境中生长。如果这里有很多苔藓，说明这里的空气很清新。

秋天的树

秋天，从树上落下的不只有树叶。当果实成熟后，也会从树上掉下来，它们携带的种子就播撒到了土里。

果实的形态多种多样。

苹果是一种果实。**种子**在正中间，被果肉包裹着。

翅果的种子在这里。

这种果实叫**翅果**。它们从树上旋转下落，好像一架架小直升飞机。

翅果的果实是通过这儿和树相连的。

栗子是栗子树的果实。

栗子包裹在厚厚的**果皮**里，果皮表面有一根根尖刺。

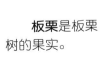 

板栗是板栗树的果实。

包裹板栗的果皮上有坚硬而密集的针状刺。

冬天的树

　　冬天，树木的生长变得缓慢，看起来好像枯萎了，其实此时的它们正在冬眠，等待着春天的到来。

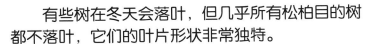

有些树在冬天会落叶，但几乎所有松柏目的树都不落叶，它们的叶片形状非常独特。

树叶很窄，又厚又尖，因此能抵御严寒和酷暑。

红豆杉的树叶

松树的树叶

枸骨叶冬青的树叶

木兰的树叶

树叶小而厚，但非常坚韧。

树叶上那层油亮亮的物质是保护叶片的。

冬青栎的树叶

19

多姿多彩的树家族

每一种树的树叶、树皮和果实都是独一无二的，但有些树的形态很相似。

山毛榉

这是山毛榉的果实：**山毛榉坚果**。

刺槐

这是刺槐的果实：**荚果**。

千金榆

这是千金榆的果实：**瘦果**。

橡树

这是橡树的果实：**橡子**。

松树

这是松树的果实：**松果**。

法国梧桐

这是法国梧桐的果实：**梧桐子**。

枫树

这是枫树的果实：**翅果**。

木材

树不仅给我们带来了花朵、果实和阴凉，也提供了宝贵的木材。

年轮颜色浅的部分是春、夏季长出来的。

年轮颜色深的部分是秋、冬季长出来的。

在树皮之下，就是我们生活必需的木材。

这些圆圈是树的**年轮**，每年长一圈。每一圈年轮都有颜色深的部分和颜色浅的部分。

年轮的奥秘

年轮有深有浅，因为在不同的季节树所处的生长环境不同。

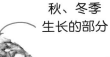

秋、冬季生长的部分

春、夏季节最适宜树木生长，形成的新细胞个儿大，秋、冬季节细胞分裂的速度减慢，个儿也小。

春、夏季生长的部分

树的根系从土壤里吸收水分和养料，向上传输到树干、树枝和树叶等。

小窍门

因为树在下雨的时候长得更快。于是，科学家通过研究老树的年轮就可以知道几个世纪之前的天气情况。

年轮间隔较宽表示那些年份雨水充沛。

年轮间隔较密表示那些年份较为干旱。

树叶

世界上没有两片完全相同的树叶。

叶脉就像是一些小管子，里面流动着植物的养料。

叶子边缘圆形的部分叫**裂片**。

叶子边缘凹陷的部分叫**缺刻**。

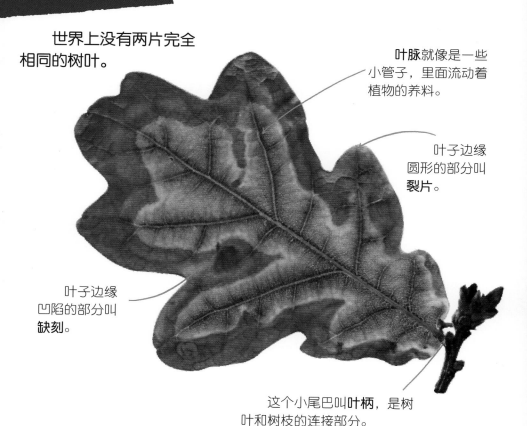

这个小尾巴叫**叶柄**，是树叶和树枝的连接部分。

这种树叶看起来像是有很多叶子，但其实它们都附着在同一个叶柄上，我们叫这种形态的树叶为**复叶**。

每一片叶子叫**小叶**。

生活就是一本百科全书，火警电话不全是119，马戏团的小丑要戴红鼻头，农场里的母鸡能孵出小鸡，超市里买来的鸡蛋只会变成臭鸡蛋！这是为什么？那是为什么？生活中这样的趣味知识比比皆是。用一双好奇的眼睛来打量这个世界，一切都变得妙趣横生。百科即生活，生活是百科。与孩子一起来体验奇妙的生活百科，收获的不仅仅是知识，更有快乐和梦想。

——史军（果壳阅读图书策划人，科学松鼠会成员，植物学博士，出版多部畅销科普图书）

这套书强调的是和孩子进行互动，先看、后听、再理解，然后动手做相关的小制作和小活动，不仅文图精致，而且活动恰当，有吸引力，让孩子们一书多用。相信孩子们一定会喜欢这套"动眼、动口、动脑还动手"的少儿科普书。

——段玉佩（北京四中生物老师，科学松鼠会成员，央视少儿频道的常驻嘉宾，参加《芝麻开门》等多个科普节目）

这套书既介绍了大自然中有趣的博物学常识，又介绍了为我们的现代化生活提供便利的产业和职业，从而向孩子们呈现了现代世界的完整面貌。表面看来，这些知识全都围绕着日常生活打转——蔬菜水果啦，树木啦，餐具啦，钟表啦……然而，从这些孩子们常常接触、甚至是每天接触的东西出发，每一分册都对相关的一个知识领域做了纵深发掘。有些知识甚至是成人都未必知道的。

——刘夙（中国科学院植物研究所博士，果壳网知名作者，上海辰山植物园科普部工程师，科普作家）

对于低龄小宝贝而言，用这套书做科学启蒙最适合不过了。不同于市面上一般的低幼科普，这套书不仅仅涵盖了广泛的自然科学，还把相关的人文历史知识自然地融合其间。最难能可贵的是，颇具幽默感的多种互动和手工，牢牢抓住了小宝贝的兴趣点和心理需要。

——张欣（妈咪宝贝传媒主任编辑）

这套源于生活、用于生活的科普图画书实现了"学"与"玩"的结合，让孩子们真正"在学中玩，在玩中学"，在阅读、游戏、实验、手工中快快乐乐地学科学。

——王雁（华东师范大学学前教育博士）

绿色印刷 保护环境 爱护健康

法国第一亲子科学书

爱上动手的科学书

勇敢的消防员

【法】西尔维娅·吉勒玛　娜塔莉·萨维 等/文

【法】托马·巴阿斯　雷米·萨亚尔 等/图

黄凌霞/译

人民文学出版社　天天出版社

手工我来做

著作权合同登记：图字 01-2014-8065

YOUPI SERIES

Les pompiers© Editions Bayard, 2013

Simplified Chinese translation copyright © 2015 by Daylight Publishing House

ALL RIGHTS RESERVED

图书在版编目（CIP）数据

勇敢的消防员 . 手工我来做 / (法) 西尔维娅·吉勒玛等文 ; (法) 托马·巴阿斯等图 ; 黄凌霞译 . –– 北京 : 天天出版社 , 2019.7

（爱上动手的科学书）

ISBN 978-7-5016-1519-3

Ⅰ . ①勇… Ⅱ . ①西… ②托… ③黄… Ⅲ . ①科学知识—儿童读物

Ⅳ . ①Z228.1

中国版本图书馆CIP数据核字(2019)第096184号

这本书属于：

亲爱的小朋友：

　　你了解花园、飞机的发展历史吗？你参观过消防队、杂技团吗？你知道农场、河流、树木、食物、时间的秘密吗？

　　就让我们一起跟着这套精美的"爱上动手的科学书"来了解它们的发展历史，解开它们的秘密，并和爸爸妈妈一起进行有趣的实验操作、制作好玩的玩具吧。

　　小朋友，我们一起把科学快乐地"玩"儿起来吧！

天天出版社

我 会 自 己 做

你喜欢玩儿玩具和做手工吗？
你将学会制作属于自己的
消防车和云梯，
还会发现两种随时随地
都可以玩儿的游戏！

我的**小消防车**

你需要准备：
· 剪刀
· 胶水
· 两枚图钉

怎么做你的小消防车呢?

消防车的做法

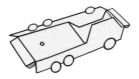 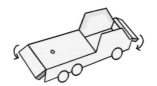 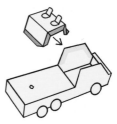

1. 把消防车剪下来,将车顶上的报警灯立起来,掏空车后部顶上的小洞。将消防车的各部分按照折痕折好。

2. 把车下部分的橘黄色位置分别用胶水粘贴好。

3. 把车的上部分与下部分粘贴到一起,注意将相同颜色的部分对齐粘贴好。

云梯的做法

1. 把云梯及其支撑部分剪下来。

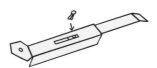 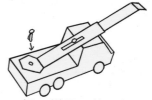

2. 把一枚图钉穿过云梯的支撑部分和云梯上的小洞,并把图钉头弄弯曲变平整。

3. 把云梯的支撑部分对折,将红色位置对齐粘贴好。

4. 把云梯用一枚图钉钉到消防车后部的小洞上,并把图钉头弄弯曲变平整。

消防员的做法

把消防员剪下来,把他们的底座分别向前向后折好,使他们能站立起来。

消防车

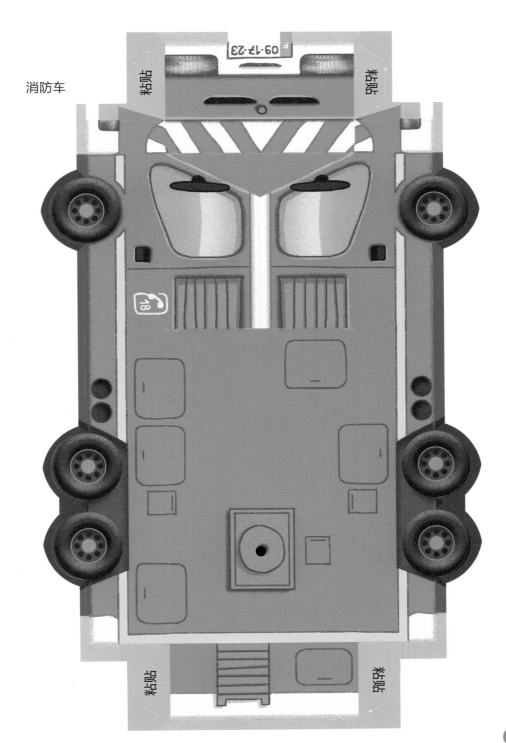

粘贴

粘贴

粘贴

粘贴

09-17-23

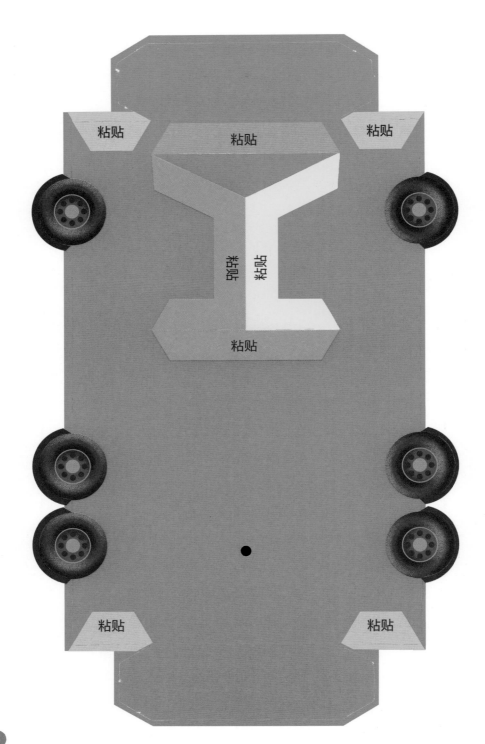

云梯的支撑部分

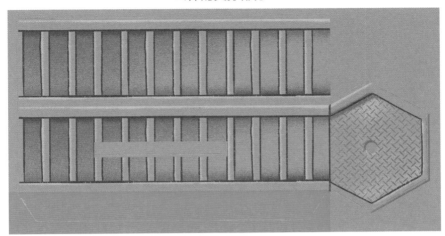

消防车的上部分

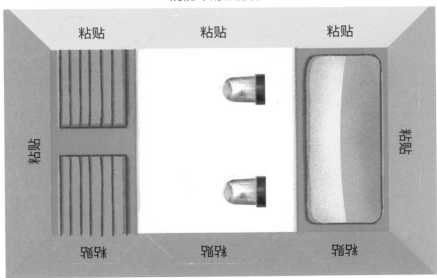

粘贴　粘贴　粘贴

粘贴

粘贴

粘贴　粘贴　粘贴

云梯

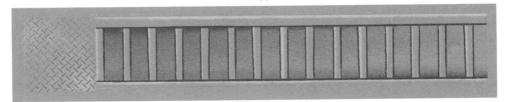

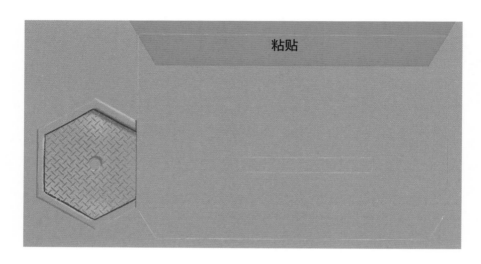

粘贴

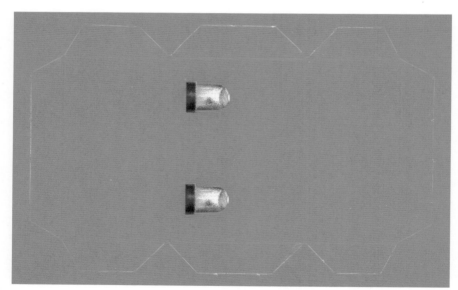

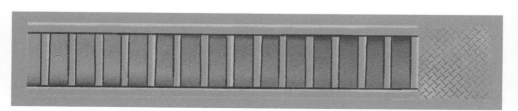

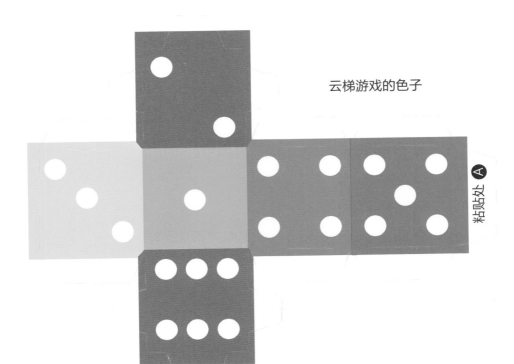

云梯游戏的色子

粘贴处 Ⓐ

消防员
救火游戏

你需要准备：
· 第13页上的棋盘
· 第15页上的人物和
  火的图片

这个游戏可以2—4人一起玩。

把小火图片放到树木格子里，
把大火图片放到房子格子里。

每位游戏者选择一名消防员，
把他们放到任何一个消防队里。

每位游戏者轮流走，向自己选择的方向每次走三格。
每一次，消防员遇到房屋或者树木有火的图片就可以灭火，
并将图片收归自己。

两名消防员不能同时进入一个有火的图片的格子里。

当所有的火灾都被扑灭，我们来计算积分：小火图片
积1分，大火图片积2分。积分最多的人获胜。

云梯游戏

你需要准备：
· 第14页上的棋盘
· 第15页上的消防员图片
· 第9页上的色子

这个游戏可以2—4人一起玩。

　　每位游戏者选择一名消防员放到起点的位置上。

　　游戏者轮流扔色子，按照色子的点数前进相应的格子数。

　　如果遇到向上升的云梯，就可以直接进入云梯上面的一格。

　　如果遇到烟雾，就要下降到烟雾下面的一格。

　　如果遇到红十字标志就要停玩一轮。

　　如果遇到消防员的标志就可以直接跳到下一个有消防员的格子里。

　　如果遇到这些消防物品的标志就可以再扔一次色子。

　　第一个到达终点的游戏者获胜。

消防员救火游戏

云梯游戏

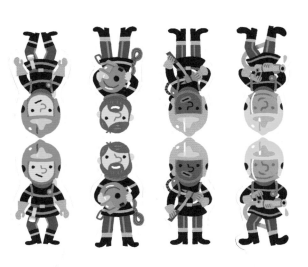

生活就是一本百科全书，火警电话不全是119，马戏团的小丑要戴红鼻头，农场里的母鸡能孵出小鸡，超市里买来的鸡蛋只会变成臭鸡蛋！这是为什么？那是为什么？生活中这样的趣味知识比比皆是。用一双好奇的眼睛来打量这个世界，一切都变得妙趣横生。百科即生活，生活是百科。与孩子一起来体验奇妙的生活百科，收获的不仅仅是知识，更有快乐和梦想。

——史军（果壳阅读图书策划人，科学松鼠会成员，植物学博士，出版多部畅销科普图书）

这套书强调的是和孩子进行互动，先看、后听、再理解，然后动手做相关的小制作和小活动，不仅文图精致，而且活动恰当，有吸引力，让孩子们一书多用。相信孩子们一定会喜欢这套"动眼、动口、动脑还动手"的少儿科普书。

——段玉佩（北京四中生物老师，科学松鼠会成员，央视少儿频道的常驻嘉宾，参加《芝麻开门》等多个科普节目）

这套书既介绍了大自然中有趣的博物学常识，又介绍了为我们的现代化生活提供便利的产业和职业，从而向孩子们呈现了现代世界的完整面貌。表面看来，这些知识全都围绕着日常生活打转——蔬菜水果啦，树木啦，餐具啦，钟表啦……然而，从这些孩子们常常接触、甚至是每天接触的东西出发，每一分册都对相关的一个知识领域做了纵深发掘。有些知识甚至是成人都未必知道的。

——刘夙（中国科学院植物研究所博士，果壳网知名作者，上海辰山植物园科普部工程师，科普作家）

对于低龄小宝贝而言，用这套书做科学启蒙最适合不过了。不同于市面上一般的低幼科普，这套书不仅仅涵盖了广泛的自然科学，还把相关的人文历史知识自然地融合其间。最难能可贵的是，颇具幽默感的多种互动和手工，牢牢抓住了小宝贝的兴趣点和心理需要。

——张欣（妈咪宝贝传媒主任编辑）

这套源于生活、用于生活的科普图画书实现了"学"与"玩"的结合，让孩子们真正"在学中玩，在玩中学"，在阅读、游戏、实验、手工中快快乐乐地学科学。

——王雁（华东师范大学学前教育博士）

绿色印刷　保护环境　爱护健康

亲爱的读者朋友：

　　本书已入选"北京市绿色印刷工程——优秀出版物绿色印刷示范项目"。它采用绿色印刷标准印制，在封底印有"绿色印刷产品"标志。

　　按照国家环境标准（HJ2503-2011）《环境标志产品技术要求 印刷第一部分：平版印刷》，本书选用环保型纸张、油墨、胶水等原辅材料，生产过程注重节能减排，印刷产品符合人体健康要求。

　　选择绿色印刷图书，畅享环保健康阅读！

北京市绿色印刷工程

法国第一亲子科学书

爱上动手的科学书

奇妙的水循环

【法】西尔维娅·吉勒玛　娜塔莉·萨维 等 / 文

【法】托马·巴阿斯　雷米·萨亚尔 等 / 图

黄凌霞 / 译

人民文学出版社　天天出版社

手工我来做

著作权合同登记：图字 01-2014-8065

YOUPI SERIES

La rivière © Editions Bayard, 2013

Simplified Chinese translation copyright © 2015 by Daylight Publishing House

ALL RIGHTS RESERVED

图书在版编目（CIP）数据

奇妙的水循环 . 手工我来做 / (法) 西尔维娅·吉勒玛等文 ; (法) 托马·巴阿斯等图 ; 黄凌霞译 . -- 北京：天天出版社 , 2019.7

（爱上动手的科学书）

ISBN 978-7-5016-1519-3

Ⅰ . ①奇… Ⅱ . ①西… ②托… ③黄… Ⅲ . ①科学知识—儿童读物

Ⅳ . ① Z228.1

中国版本图书馆CIP数据核字(2019)第096185号

这本书属于：

亲爱的小朋友：

　　你了解花园、飞机的发展历史吗？你参观过消防队、杂技团吗？你知道农场、河流、树木、食物、时间的秘密吗？

　　就让我们一起跟着这套精美的"爱上动手的科学书"来了解它们的发展历史，解开它们的秘密，并和爸爸妈妈一起进行有趣的实验操作、制作好玩的玩具吧。

　　小朋友，我们一起把科学快乐地"玩"儿起来吧！

天天出版社

我 会 自 己 做

你喜欢玩儿玩具和做手工吗？
不管你是在河边还是在家里，
这里有几个好玩儿的东西。

纸船

1. 拿出一张长方形的纸，进行对折。

2. 再对折一次，把折痕压出来之后打开。

3. 把两个角都折到中间，像一顶帽子一样。

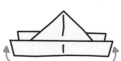

4. 将下边的纸边向上折。

5. 翻过来，这一面的纸边同样向上折。

6. 将帽子的两边撑开。

7. 在另一个方向上折叠压平，并把所有的角都压平。

8. 把下边的角向上折，和上边的角对齐。

9. 翻过来，这一面的角同样向上折。

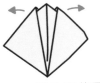

10. 将三角的两边撑开，在另一个方向上折叠压平。

11. 将外面的两个角向外拉开。

12. 一直向外拉，直到小船出现。

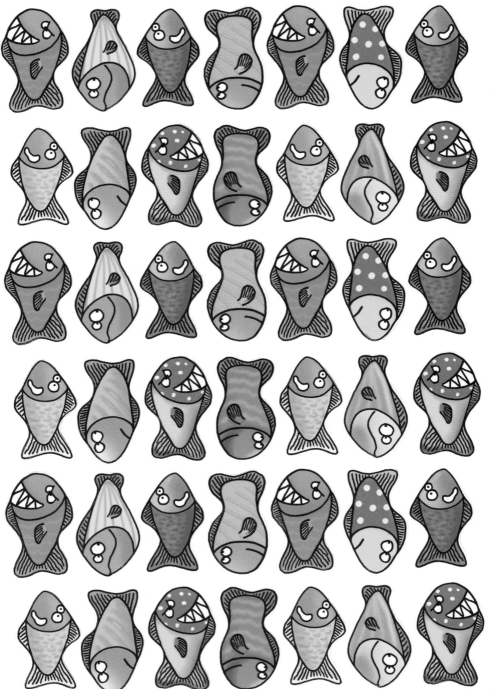

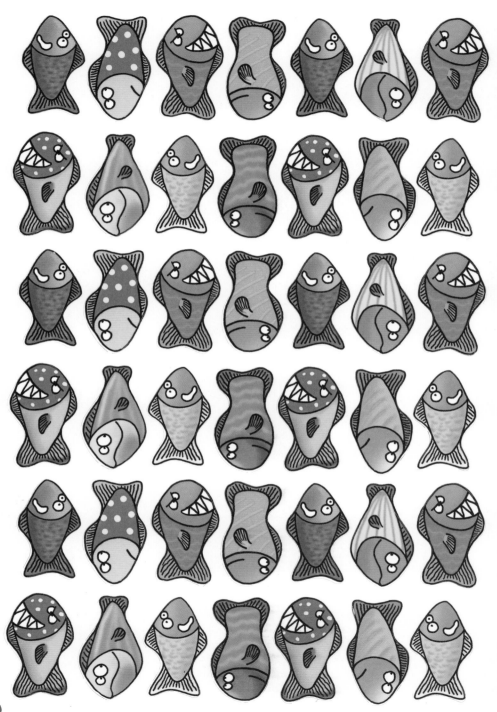

水上的小船

用几根橡皮筋把几根树枝和几块树皮或一片树叶捆在一起，小船就可以准备下水啦。

树皮船

选择两块完整的树皮，一片当船体，一片当船帆，并用一根小树枝把两块树皮连接起来。小树枝就是桅杆。

你需要准备：

·几根橡皮筋

·1片叶子

·酒椰叶纤维或绳子

·几根树枝

·几块树皮

·牛皮纸

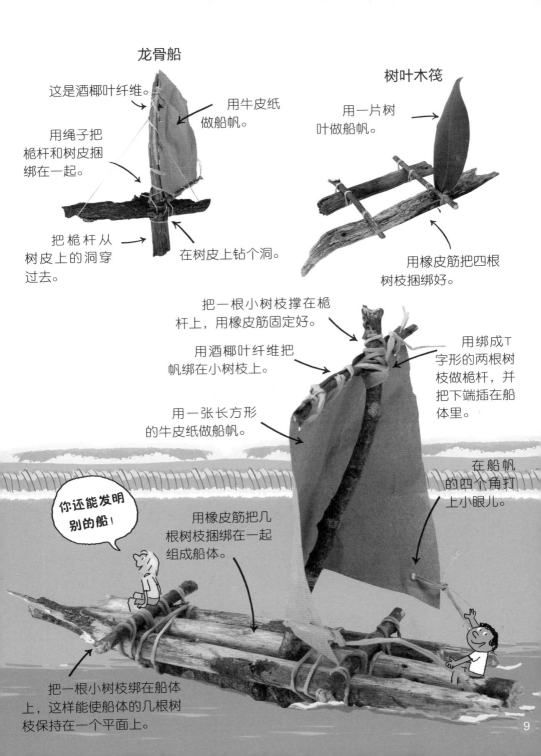

龙骨船

这是酒椰叶纤维。

用牛皮纸做船帆。

用绳子把桅杆和树皮捆绑在一起。

把桅杆从树皮上的洞穿过去。

在树皮上钻个洞。

树叶木筏

用一片树叶做船帆。

用橡皮筋把四根树枝捆绑好。

把一根小树枝撑在桅杆上，用橡皮筋固定好。

用酒椰叶纤维把帆绑在小树枝上。

用一张长方形的牛皮纸做船帆。

用绑成T字形的两根树枝做桅杆，并把下端插在船体里。

在船帆的四个角打上小眼儿。

你还能发明别的船！

用橡皮筋把几根树枝捆绑在一起组成船体。

把一根小树枝绑在船体上，这样能使船体的几根树枝保持在一个平面上。

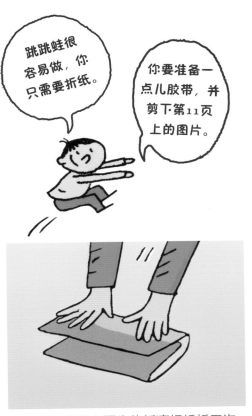

跳跳蛙很容易做，你只需要折纸。

你要准备一点儿胶带，并剪下第11页上的图片。

制作一个池塘
把一个装奶酪的盒子涂上色，然后让你的青蛙在里面跳。噗！

1. 按照纸上预先的折痕把纸折三次。

2. 按照虚线把纸再折出三个弯。

3．将一块胶带粘贴在青蛙的背上（如图所示）。贴胶带的部分很光滑。

4. 用你的手指或者一支铅笔轻轻按一下贴着胶带的位置，青蛙就会向前跳。

跳跳蛙大赛！
谁最先让青蛙跳进池塘谁就获胜。在比赛中，可以把池塘放到越来越远的位置。谁会最终获胜呢？

这是怎么回事儿呢？
你在青蛙背上越使劲地按，青蛙就跳得越远。也就是说，你越用力按压它，你给它的动能就越大。

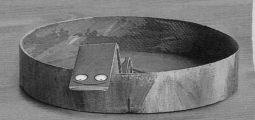

打水漂

要想让一块鹅卵石在水面上跳跃，需要让它快速地掠过水面。下面来看看怎么做吧。

注意，
不要朝别人投掷鹅卵石，那会让人受伤的。

1. 选择一块扁平的鹅卵石，并用食指和拇指捏着它。

2. 朝水面方向迈开一条腿，身体稍微弯曲往下蹲。

3. 把鹅卵石往与水面平行的方向扔出去。

4. 在手摆动到身体前面时扔出鹅卵石，并用拇指让它自转起来。

转啊，转啊，小水车

你需要准备：
- 3根雪糕棒或树枝
- 3根橡皮筋
- 1根较直的细树枝
- 2根Y形的树枝

小心！
请一个成年人和你一起安装小水车，并选择一个水流不急、比较浅的地方安放小水车。

1. 用一根橡皮筋把一根雪糕棒捆在细树枝上。

2. 用同样的方法捆好另外两根雪糕棒。

3. 这三根雪糕棒不能在同一个方向上。

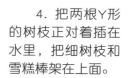

4. 把两根Y形的树枝正对着插在水里，把细树枝和雪糕棒架在上面。

18

生活就是一本百科全书，火警电话不全是119，马戏团的小丑要戴红鼻头，农场里的母鸡能孵出小鸡，超市里买来的鸡蛋只会变成臭鸡蛋！这是为什么？那是为什么？生活中这样的趣味知识比比皆是。用一双好奇的眼睛来打量这个世界，一切都变得妙趣横生。百科即生活，生活是百科。与孩子一起来体验奇妙的生活百科，收获的不仅仅是知识，更有快乐和梦想。

——史军（果壳阅读图书策划人，科学松鼠会成员，植物学博士，出版多部畅销科普图书）

这套书强调的是和孩子进行互动，先看、后听、再理解，然后动手做相关的小制作和小活动，不仅文图精致，而且活动恰当，有吸引力，让孩子们一书多用。相信孩子们一定会喜欢这套"动眼、动口、动脑还动手"的少儿科普书。

——段玉佩（北京四中生物老师，科学松鼠会成员，央视少儿频道的常驻嘉宾，参加《芝麻开门》等多个科普节目）

这套书既介绍了大自然中有趣的博物学常识，又介绍了为我们的现代化生活提供便利的产业和职业，从而向孩子们呈现了现代世界的完整面貌。表面看来，这些知识全都围绕着日常生活打转——蔬菜水果啦，树木啦，餐具啦，钟表啦……然而，从这些孩子们常常接触、甚至是每天接触的东西出发，每一分册都对相关的一个知识领域做了纵深发掘。有些知识甚至是成人都未必知道的。

——刘凤（中国科学院植物研究所博士，果壳网知名作者，上海辰山植物园科普部工程师，科普作家）

对于低龄小宝贝而言，用这套书做科学启蒙最适合不过了。不同于市面上一般的低幼科普，这套书不仅仅涵盖了广泛的自然科学，还把相关的人文历史知识自然地融合其间。最难能可贵的是，颇具幽默感的多种互动和手工，牢牢抓住了小宝贝的兴趣点和心理需要。

——张欣（妈咪宝贝传媒主任编辑）

这套源于生活、用于生活的科普图画书实现了"学"与"玩"的结合，让孩子们真正"在学中玩，在玩中学"，在阅读、游戏、实验、手工中快快乐乐地学科学。

——王雁（华东师范大学学前教育博士）

绿色印刷 保护环境 爱护健康

亲爱的读者朋友：

　　本书已入选"北京市绿色印刷工程——优秀出版物绿色印刷示范项目"。它采用绿色印刷标准印制，在封底印有"绿色印刷产品"标志。

　　按照国家环境标准（HJ2503-2011）《环境标志产品技术要求 印刷 第一部分：平版印刷》，本书选用环保型纸张、油墨、胶水等原辅材料，生产过程注重节能减排，印刷产品符合人体健康要求。

　　选择绿色印刷图书，畅享环保健康阅读！

北京市绿色印刷工程

法国第一亲子科学书

爱上动手的科学书

开饭啦

【法】西尔维娅·吉勒玛　娜塔莉·萨维 等 / 文

【法】托马·巴阿斯　雷米·萨亚尔 等 / 图

黄凌霞 / 译

人民文学出版社　天天出版社

手工我来做

著作权合同登记：图字 01-2014-8065

图书在版编目（CIP）数据

开饭啦.手工我来做 /（法）西尔维娅·吉勒玛等文 ;（法）托马·巴阿斯等图 ;
黄凌霞译. -- 北京：天天出版社，2019.7
（爱上动手的科学书）
ISBN 978-7-5016-1519-3

Ⅰ.①开… Ⅱ.①西… ②托… ③黄… Ⅲ.①科学知识—儿童读物
Ⅳ.① Z228.1

中国版本图书馆CIP数据核字(2019)第096023号

这本书属于：

亲爱的小朋友：

你了解花园、飞机的发展历史吗？你参观过消防队、杂技团吗？你知道农场、河流、树木、食物、时间的秘密吗？

就让我们一起跟着这套精美的"爱上动手的科学书"来了解它们的发展历史，解开它们的秘密，并和爸爸妈妈一起进行有趣的实验操作、制作好玩的玩具吧。

小朋友，我们一起把科学快乐地"玩"儿起来吧！

天天出版社

会 自 己

我 做

你喜欢玩儿玩具和做手工吗?
现在轮到你为家人做一顿
美味而丰富的饭菜了,
快来大显身手吧!
祝你有个好胃口!

面条做起来

你需要准备：
·250克面粉
·1杯水
·1个大碗
·1根擀面杖
·一小撮盐

噗……

1．将面粉倒入大碗，再加入一小撮盐，并搅拌均匀。

2．在面粉中间挖一个小洞，慢慢地往小洞中加水，并不停地用勺子进行搅拌。

3．当面团成形了，就用手抓起一块来试试看。如果面团黏手，就再加些面粉，并揉匀。

4．让面团醒30分钟。

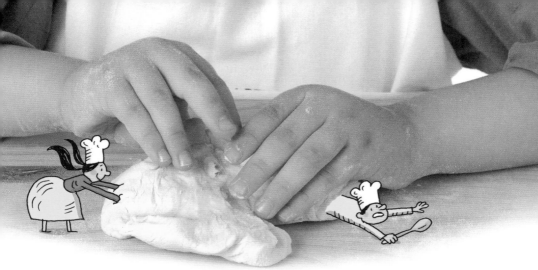

5．在面板上撒一些面粉，用擀面杖将面团擀成一片薄片。

6．在薄片上撒上一些面粉，将薄片卷起来，再请爸爸妈妈或其他人帮你把薄片切成丝，你的面条就准备好了。

7．请爸爸妈妈或其他人帮助你把面条放到沸水中煮3分钟。煮好捞出后，在面条里拌入配料。

呼

经过水煮，面条发生了变化。它们因为吸足了水分而变粗，同时也变得柔软了。

味觉大考验

你需要准备：
· 草莓酱
· 咖啡粉
· 薯片
· 柠檬汁

品尝一点儿草莓酱、咖啡粉、柠檬汁和薯片。

你尝出了什么味道？

在表里标注出你尝到的味道吧。

	🥫	🫘	🍊	🥔
甜				
酸				
咸				
苦				

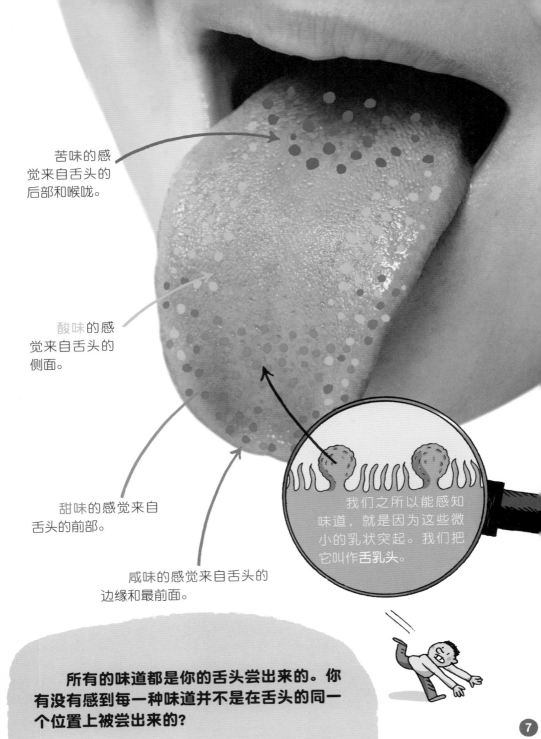

苦味的感觉来自舌头的后部和喉咙。

酸味的感觉来自舌头的侧面。

甜味的感觉来自舌头的前部。

咸味的感觉来自舌头的边缘和最前面。

我们之所以能感知味道，就是因为这些微小的乳状突起。我们把它叫作**舌乳头**。

所有的味道都是你的舌头尝出来的。你有没有感到每一种味道并不是在舌头的同一个位置上被尝出来的?

7

开饭啦

将第9—18页上的所有东西剪下来。开饭啦！

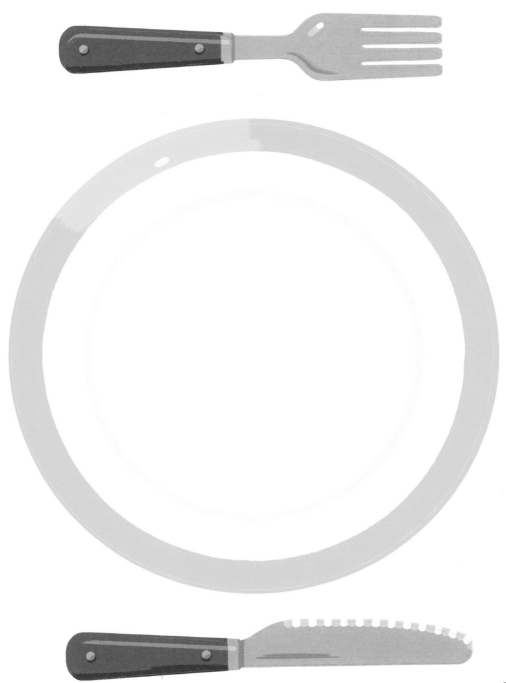

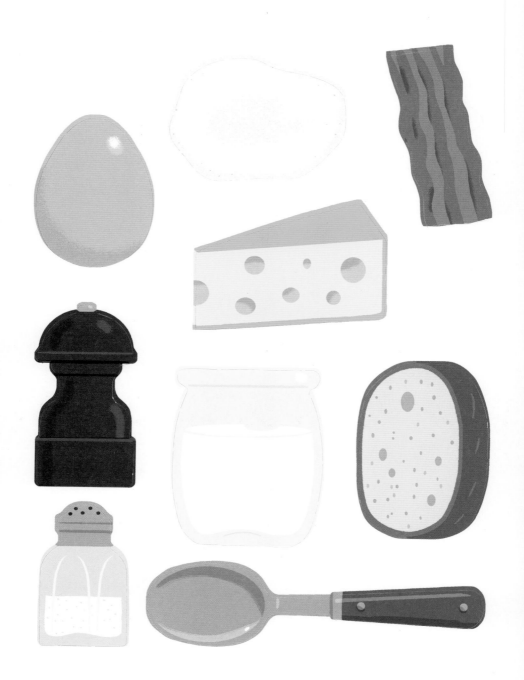

生活就是一本百科全书，火警电话不全是119，马戏团的小丑要戴红鼻头，农场里的母鸡能孵出小鸡，超市里买来的鸡蛋只会变成臭鸡蛋！这是为什么？那是为什么？生活中这样的趣味知识比比皆是。用一双好奇的眼睛来打量这个世界，一切都变得妙趣横生。百科即生活，生活是百科。与孩子一起来体验奇妙的生活百科，收获的不仅仅是知识，更有快乐和梦想。

——史军（果壳阅读图书策划人，科学松鼠会成员，植物学博士，出版多部畅销科普图书）

这套书强调的是和孩子进行互动，先看、后听、再理解，然后动手做相关的小制作和小活动，不仅文图精致，而且活动恰当，有吸引力，让孩子们一书多用。相信孩子们一定会喜欢这套"动眼、动口、动脑还动手"的少儿科普书。

——段玉佩（北京四中生物老师，科学松鼠会成员，央视少儿频道的常驻嘉宾，参加《芝麻开门》等多个科普节目）

这套书既介绍了大自然中有趣的博物学常识，又介绍了为我们的现代化生活提供便利的产业和职业，从而向孩子们呈现了现代世界的完整面貌。表面看来，这些知识全都围绕着日常生活打转——蔬菜水果啦，树木啦，餐具啦，钟表啦……然而，从这些孩子们常常接触、甚至是每天接触的东西出发，每一分册都对相关的一个知识领域做了纵深发掘。有些知识甚至是成人都未必知道的。

——刘夙（中国科学院植物研究所博士，果壳网知名作者，上海辰山植物园科普部工程师，科普作家）

对于低龄小宝贝而言，用这套书做科学启蒙最适合不过了。不同于市面上一般的低幼科普，这套书不仅仅涵盖了广泛的自然科学，还把相关的人文历史知识自然地融合其间。最难能可贵的是，颇具幽默感的多种互动和手工，牢牢抓住了小宝贝的兴趣点和心理需要。

——张欣（妈咪宝贝传媒主任编辑）

这套源于生活、用于生活的科普图画书实现了"学"与"玩"的结合，让孩子们真正"在学中玩，在玩中学"，在阅读、游戏、实验、手工中快快乐乐地学科学。

——王雁（华东师范大学学前教育博士）

绿色印刷 保护环境 爱护健康

法国第一亲子科学书

爱上动手的科学书

我的跑马场

【法】西尔维娅·吉勒玛　娜塔莉·萨维 等/文
【法】托马·巴阿斯　雷米·萨亚尔 等/图
黄凌霞/译

人民文学出版社　天天出版社

手工我来做

著作权合同登记：图字 01-2014-8065

图书在版编目（CIP）数据

我的跑马场. 手工我来做 / (法)西尔维娅·吉勒玛等文；(法)托马·巴阿斯
等图；黄凌霞译 . -- 北京：天天出版社, 2019.7
（爱上动手的科学书）
ISBN 978-7-5016-1519-3

Ⅰ . ①我… Ⅱ . ①西… ②托… ③黄… Ⅲ . ①科学知识—儿童读物
Ⅳ . ① Z228.1

中国版本图书馆CIP数据核字(2019)第098097号

这本书属于：

亲爱的小朋友：

你了解花园、飞机的发展历史吗？你参观过消防队、杂技团吗？你知道农场、河流、树木、食物、时间的秘密吗？

就让我们一起跟着这套精美的"爱上动手的科学书"来了解它们的发展历史，解开它们的秘密，并和爸爸妈妈一起进行有趣的实验操作、制作好玩的玩具吧。

小朋友，我们一起把科学快乐地"玩"儿起来吧！

天天出版社

自

会

己

做

我

你喜欢玩儿玩具和做手工吗？
你可以在这儿建一座马厩，并对
它进行装饰；还可以自己做
一个跑马场，让你的马儿像
在动画片里那样飞跑
起来。

转啊转，
我的小跑马场

制作一个小跑马场，让你的马儿跑起来。

哇！动画片！

你需要准备：
· 胶水
· 剪刀
· 1个圆形奶酪盒
· 1根牙签
· 记号笔
· 铅笔
· 两段粘到一起的连环画
· 切成一大一小两半的软木塞

一幅马的图片不会动，但如果有很多幅，我们就能看到马儿飞跑起来了！

1. 把较大的一半软木塞固定在铅笔的一端。

2. 把牙签穿过奶酪盒的中心，再钉在软木塞的中间部位。

3. 再把较小的一半软木塞固定到牙签上，这样可以防止奶酪盒在转动的时候从牙签上脱落。

快来看啊，用这个简单的方法就可以做出动画。

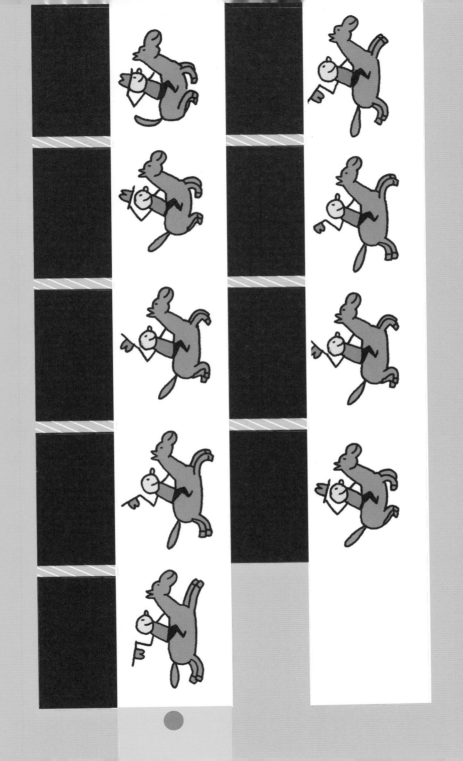

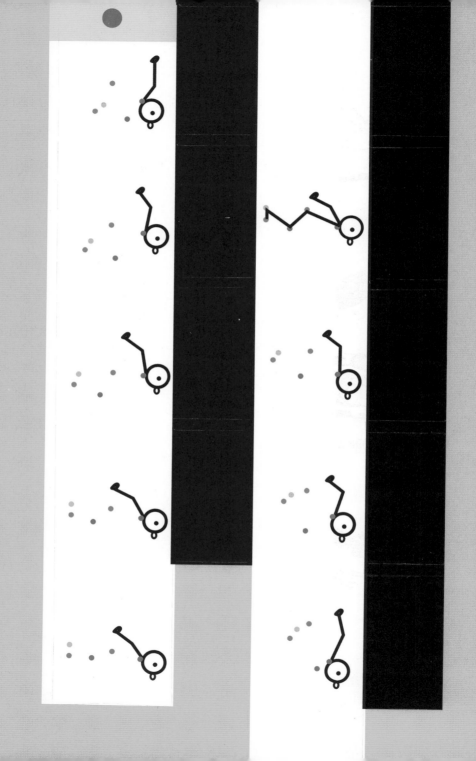

4. 把连环画从第5—6页上剪下来，按照切痕将其他部分剪掉。

5. 把两个红点对齐粘贴好，使连环画连在一起。

6. 再把连环画的两端粘贴在一起。

7. 用黑色的记号笔把连环画上的点分别按照蓝——红——绿——黄——紫的顺序连接起来。

用手转动奶酪盒，你就能看到动画片啦！

8. 然后把连环画放到奶酪盒里，让你想看到动的那面朝里。

我的
小马厩

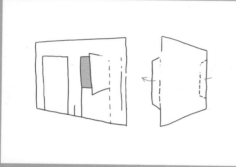

1. 剪下马厩的外墙，并把左右两侧外墙的边折起来，插到前后外墙上。

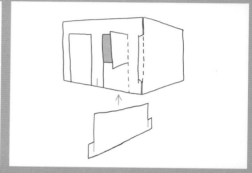

2. 剪下内部分隔墙，并把它们插进马厩。

3. 把人物、饲料槽、洒水壶和母鸡剪下来，并沿压痕把下方向后折。

4. 把马、狗和猫剪下来，并沿压痕折叠。现在开始装饰你的小马厩吧。

前边的外墙 栅栏

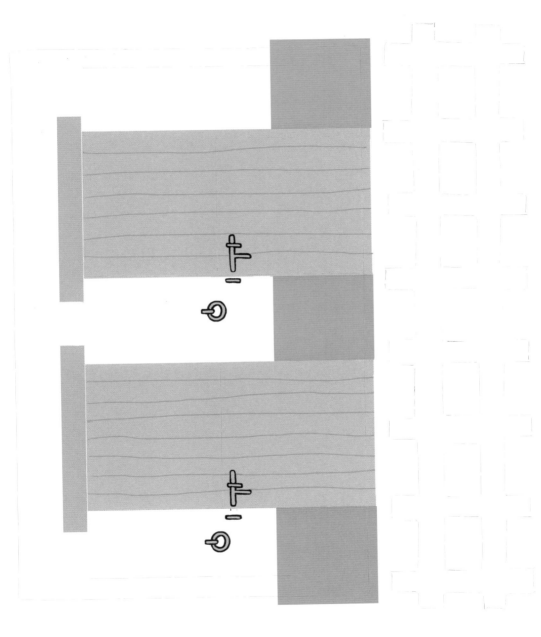

9

栅栏　　　　　　　　　　　　　前边的外墙

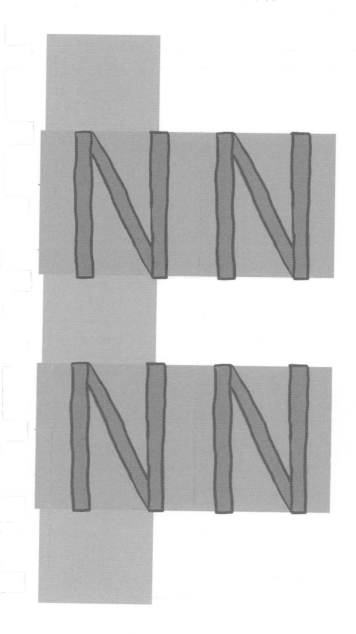

后边的外墙

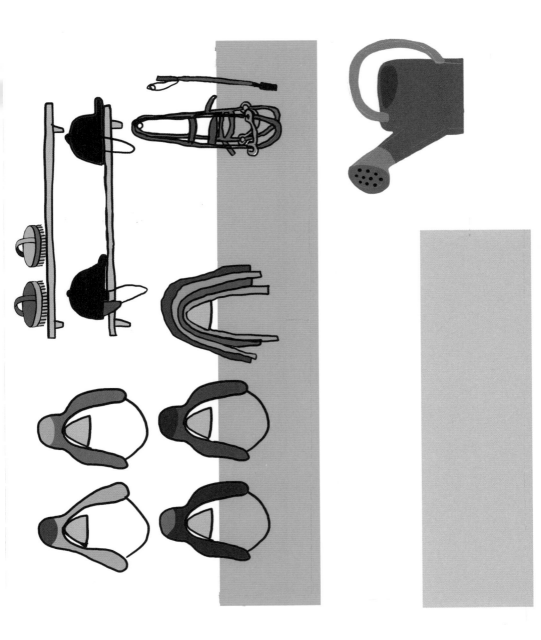

内部分隔墙

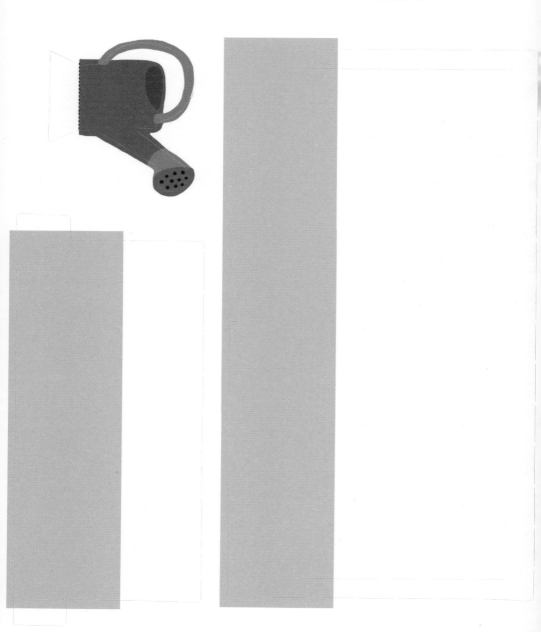

后边的外墙

内部分隔墙

右边的外墙

右边的外墙

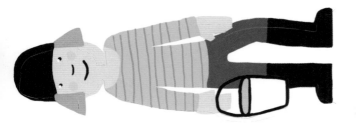

左边的外墙

栅栏

左边的外墙

生活就是一本百科全书，火警电话不全是119，马戏团的小丑要戴红鼻头，农场里的母鸡能孵出小鸡，超市里买来的鸡蛋只会变成臭鸡蛋！这是为什么？那是为什么？生活中这样的趣味知识比比皆是。用一双好奇的眼睛来打量这个世界，一切都变得妙趣横生。百科即生活，生活是百科。与孩子一起来体验奇妙的生活百科，收获的不仅仅是知识，更有快乐和梦想。

——史军（果壳阅读图书策划人，科学松鼠会成员，植物学博士，出版多部畅销科普图书）

这套书强调的是和孩子进行互动，先看、后听、再理解，然后动手做相关的小制作和小活动，不仅文图精致，而且活动恰当，有吸引力，让孩子们一书多用。相信孩子们一定会喜欢这套"动眼、动口、动脑还动手"的少儿科普书。

——段玉佩（北京四中生物老师，科学松鼠会成员，央视少儿频道的常驻嘉宾，参加《芝麻开门》等多个科普节目）

这套书既介绍了大自然中有趣的博物学常识，又介绍了为我们的现代化生活提供便利的产业和职业，从而向孩子们呈现了现代世界的完整面貌。表面看来，这些知识全都围绕着日常生活打转——蔬菜水果啦，树木啦，餐具啦，钟表啦……然而，从这些孩子们常常接触、甚至是每天接触的东西出发，每一分册都对相关的一个知识领域做了纵深发掘。有些知识甚至是成人都未必知道的。

——刘夙（中国科学院植物研究所博士，果壳网知名作者，上海辰山植物园科普部工程师，科普作家）

对于低龄小宝贝而言，用这套书做科学启蒙最适合不过了。不同于市面上一般的低幼科普，这套书不仅仅涵盖了广泛的自然科学，还把相关的人文历史知识自然地融合其间。最难能可贵的是，颇具幽默感的多种互动和手工，牢牢抓住了小宝贝的兴趣点和心理需要。

——张欣（妈咪宝贝传媒主任编辑）

这套源于生活、用于生活的科普图画书实现了"学"与"玩"的结合，让孩子们真正"在学中玩，在玩中学"，在阅读、游戏、实验、手工中快快乐乐地学科学。

——王雁（华东师范大学学前教育博士）

绿色印刷 保护环境 爱护健康

法国第一·亲子科学书

爱上动手的科学书

时间的奥秘

【法】西尔维娅·吉勒玛　娜塔莉·萨维 等／文

【法】托马·巴阿斯　雷米·萨亚尔 等／图

黄凌霞／译

人民文学出版社　天天出版社

手工我来做

著作权合同登记：图字 01-2014-8065

YOUPI SERIES

L' heure© Editions Bayard, 2013

Simplified Chinese translation copyright © 2015 by Daylight Publishing House

ALL RIGHTS RESERVED

图书在版编目（CIP）数据

时间的奥秘 . 手工我来做 /（法）西尔维娅·吉勒玛等文 ;（法）托马·巴阿斯
等图 ; 黄凌霞译 . –– 北京 : 天天出版社 , 2019.7
（爱上动手的科学书）

ISBN 978-7-5016-1519-3

Ⅰ . ①时… Ⅱ . ①西… ②托… ③黄… Ⅲ . ①科学知识—儿童读物

Ⅳ . ① Z228.1

中国版本图书馆CIP数据核字(2019)第097437号

这本书属于：

亲爱的小朋友：

　　你了解花园、飞机的发展历史吗？你参观过消防队、杂技团吗？你知道农场、河流、树木、食物、时间的秘密吗？

　　就让我们一起跟着这套精美的"爱上动手的科学书"来了解它们的发展历史，解开它们的秘密，并和爸爸妈妈一起进行有趣的实验操作、制作好玩的玩具吧。

　　小朋友，我们一起把科学快乐地"玩"儿起来吧！

天天出版社

我 会 自 己 做

你喜欢玩儿玩具和做手工吗？
这儿有好多好玩的游戏，
一起来看看时间是怎么流逝的。

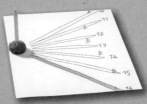

做一个有趣的
沙漏

你需要准备：

· 白砂糖

· 白纸

· 黑色中性笔

· 圆珠笔

· 2个空塑料瓶
和1个瓶盖

· 一小块布

· 剪刀

· 透明胶带

可以颠倒的小鸭子

1. 请爸爸妈妈或其他人帮你用圆珠笔尖在瓶盖上钻一个洞，再把纸卷成漏斗状。

2. 把纸漏斗放到一个瓶口上，往瓶子里倒白砂糖，注意不要把瓶子全装满。

3. 然后把瓶盖盖上，用透明胶带把另一个瓶子和这个瓶子相对着粘到一起。

4. 把第5—8页上鸭子的翅膀、脚、嘴、头发和眼睛剪下来粘贴到瓶子上，再把那一小块布系到两个瓶子中间，遮住透明胶带。

沙漏的计时原理是什么？

白砂糖一直以同样的速度向下滑落，因此上面瓶子里的糖总是用相同的时间全部滑落到下面的瓶子里。你可以用这个沙漏来计时，比如可以拿来为你的游戏时间计时！

下喙

鸭掌

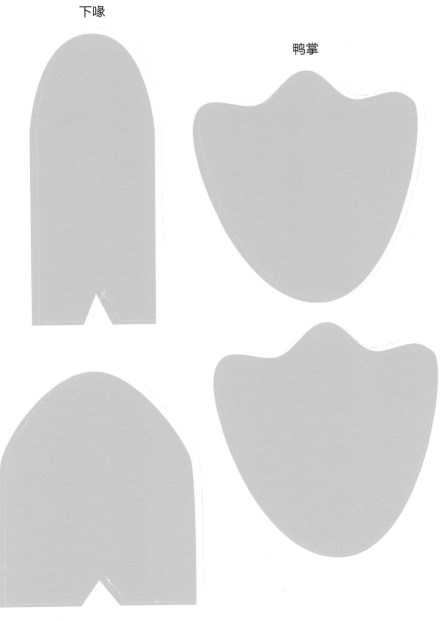

上喙

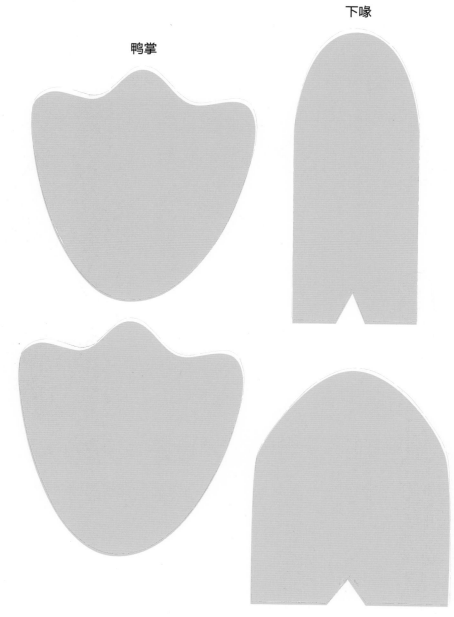

鴨掌

下喙

上喙

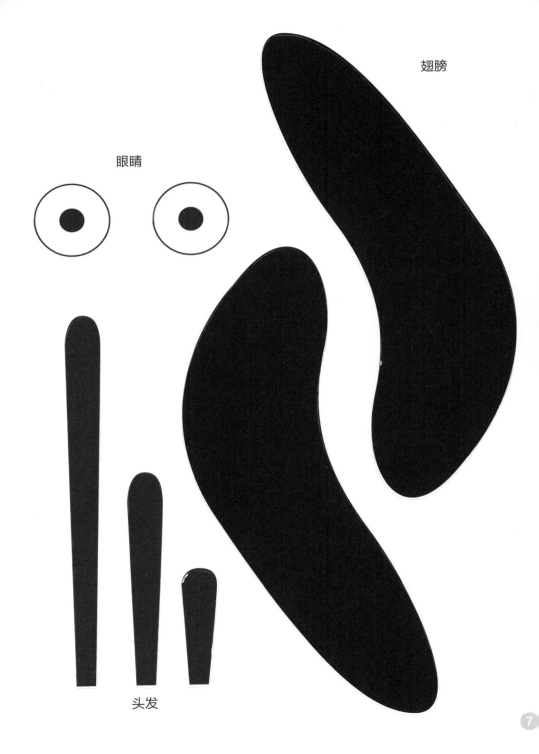

翅膀

眼睛

头发

7

翅膀

眼睛

头发

做一个日晷

你需要准备：
· 1张纸
· 黑色中性笔
· 铅笔
· 橡皮泥

1. 把纸放到室外或窗户前的阳光下。

2. 把铅笔固定在橡皮泥上面，与纸面垂直放立。

3. 用笔画出铅笔的影子。

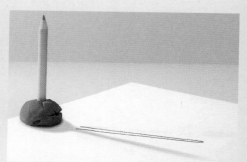

4. 过一会儿，你就会发现影子的位置发生了变化。

如果你在一天的时间里每隔一个小时画一次铅笔的影子，你就可以做出一个日晷！

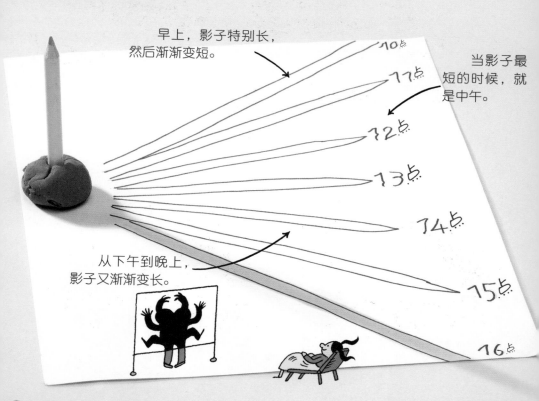

早上，影子特别长，然后渐渐变短。

当影子最短的时候，就是中午。

10点

11点

12点

13点

14点

15点

16点

从下午到晚上，影子又渐渐变长。

铅笔的影子标示出了太阳在天空中的运动：

早上，太阳从一边的地平线上升起。

中午，太阳升到天空中。

傍晚，太阳从另一边的地平线上落下。

日晷的计时方向反过来了！

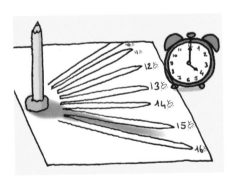

每隔6个月，日晷的计时方向都会反过来。为什么？

因为从12月到6月白天逐渐变长，而从6月到12月白天逐渐变短。

组装一块表

你需要准备：
· 图钉
· 胶水
· 第13—14页的表模具

1. 用图钉把两根指针固定到表盘的中央。

2. 把表托粘贴在表盘的背面，注意按照图示的"上""下"位置进行粘贴。

粘贴处

上

下

12
11 1
10 2
9 3
8 4
7 5
6

60
55 5
50 10
45 15
40 20
35 25
30

13

上

下

14

在表面上画出时针和分针。

现在是9点钟。

现在是10点15分。

按图填空。

现在是__点__分。

现在是__点__分。

我的日程表

现在轮到我啦！

把你的日程表从右页上剪下来。按照你这一周的活动安排把最后一页上的不干胶图案贴在相应的位置上。如果还缺少图案，你可以从报纸上剪或画出来。

	星期一	星期二	星期三	星期四	星期五	星期六	星期日
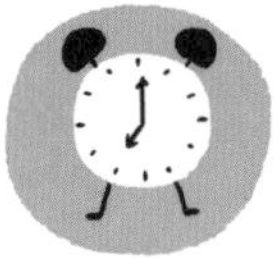							

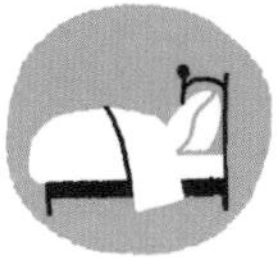							

专家推荐

生活就是一本百科全书，火警电话不全是119，马戏团的小丑要戴红鼻头，农场里的母鸡能孵出小鸡，超市里买来的鸡蛋只会变成臭鸡蛋！这是为什么？那是为什么？生活中这样的趣味知识比比皆是。用一双好奇的眼睛来打量这个世界，一切都变得妙趣横生。百科即生活，生活是百科。与孩子一起来体验奇妙的生活百科，收获的不仅仅是知识，更有快乐和梦想。

——史军（果壳阅读图书策划人，科学松鼠会成员，植物学博士，出版多部畅销科普图书）

这套书强调的是和孩子进行互动，先看、后听、再理解，然后动手做相关的小制作和小活动，不仅文图精致，而且活动恰当，有吸引力，让孩子们一书多用。相信孩子们一定会喜欢这套"动眼、动口、动脑还动手"的少儿科普书。

——段玉佩（北京四中生物老师，科学松鼠会成员，央视少儿频道的常驻嘉宾，参加《芝麻开门》等多个科普节目）

这套书既介绍了大自然中有趣的博物学常识，又介绍了为我们的现代化生活提供便利的产业和职业，从而向孩子们呈现了现代世界的完整面貌。表面看来，这些知识全都围绕着日常生活打转——蔬菜水果啦，树木啦，餐具啦，钟表啦……然而，从这些孩子们常常接触、甚至是每天接触的东西出发，每一分册都对相关的一个知识领域做了纵深发掘。有些知识甚至是成人都未必知道的。

——刘夙（中国科学院植物研究所博士，果壳网知名作者，上海辰山植物园科普部工程师，科普作家）

对于低龄小宝贝而言，用这套书做科学启蒙最适合不过了。不同于市面上一般的低幼科普，这套书不仅仅涵盖了广泛的自然科学，还把相关的人文历史知识自然地融合其间。最难能可贵的是，颇具幽默感的多种互动和手工，牢牢抓住了小宝贝的兴趣点和心理需要。

——张欣（妈咪宝贝传媒主任编辑）

这套源于生活、用于生活的科普图画书实现了"学"与"玩"的结合，让孩子们真正"在学中玩，在玩中学"，在阅读、游戏、实验、手工中快快乐乐地学科学。

——王雁（华东师范大学学前教育博士）

绿色印刷 保护环境 爱护健康

法国第一亲子科学书

爱上动手的科学书

杂技团的一天

【法】西尔维娅·吉勒玛　娜塔莉·萨维 等/文
【法】托马·巴阿斯　雷米·萨亚尔 等/图
黄凌霞/译

人民文学出版社　天天出版社

手工我来做

著作权合同登记：图字 01-2014-8065

YOUPI SERIES

Le cirque© Editions Bayard, 2013

Simplified Chinese translation copyright © 2015 by Daylight Publishing House

ALL RIGHTS RESERVED

图书在版编目（CIP）数据

杂技团的一天 . 手工我来做 / (法) 西尔维娅·吉勒玛等文 ; (法) 托马·巴阿斯等图 ; 黄凌霞译 . -- 北京：天天出版社 , 2019.7

（爱上动手的科学书）

ISBN 978-7-5016-1519-3

Ⅰ . ①杂… Ⅱ . ①西… ②托… ③黄… Ⅲ . ①科学知识—儿童读物

Ⅳ . ① Z228.1

中国版本图书馆CIP数据核字(2019)第097427号

这本书属于：

亲爱的小朋友：

　　你了解花园、飞机的发展历史吗？你参观过消防队、杂技团吗？你知道农场、河流、树木、食物、时间的秘密吗？

　　就让我们一起跟着这套精美的"爱上动手的科学书"来了解它们的发展历史，解开它们的秘密，并和爸爸妈妈一起进行有趣的实验操作、制作好玩的玩具吧。

　　小朋友，我们一起把科学快乐地"玩"儿起来吧！

　　　　　　　　　　　　　　　　　　　天天出版社

我 会 自 己 做

你喜欢玩儿玩具和做手工吗?
建一个小杂技团,并让小伙伴们
为你的杂技小鸟的表演惊叫!

建一个小杂技团

你需要准备：
· 本书的第7—14页
· 橡皮泥
· 透明胶
· 3根竹签
· 2根牙签

3

帐篷和舞台

卷起帐篷，让它呈半圆形，并把黄色部分折叠一下。把帐篷放到舞台的旁边。

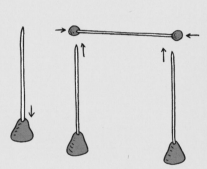

横架

在两大团橡皮泥上分别插上两根竹签。然后把两颗橡皮泥小球插在一根竹签的两头，并把这根竹签固定到两根竖起的竹签上。

做平衡表演的小丑

把一个小丑的手或者腿挂在横架上。然后，用这种方式把其他的小丑一个接一个地挂在这个小丑下面。

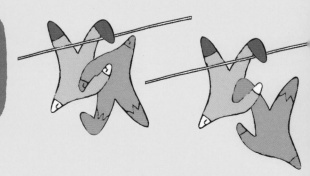

魔术小丑

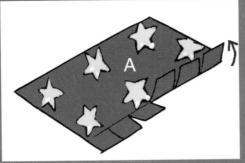

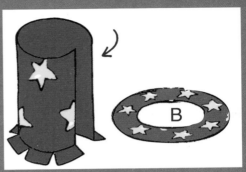

1. 将A上的小舌状纸片向上折。

2. 把A卷成一个筒，并把阴影部分粘贴好；把B的中间部分剪去。

3. 把B套在A上，并用胶水把它们粘贴在一起。把魔术小丑的脚沿压痕折叠一下。把小丑的兔子脚放进帽子里。按住帽子的帽檐移动，拉动小丑前进或后退——兔子出现了！

跳高小丑

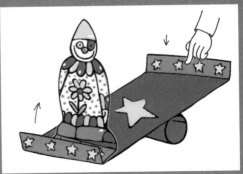

1. 把C的两边向上折，把小丑的脚也向上折。

把D卷成一个圆筒，然后用胶水粘住。

2. 把圆筒粘在蹦床下面的正中位置。把小丑放在蹦床的一边，用你的手指按一下蹦床的另一边，小丑就跳起来了。

走钢丝小丑

在走钢丝小丑的手臂后面分别粘上一根牙签，在牙签的末端粘上伞对折后的阴影部分；然后把小丑倒立着挂到横架上，让他和做平衡表演的小丑在一起。

杂技小丑

把杂技小丑进行对折，并把阴影部分粘贴在一起；把杂技小丑背后的两边分别向外折叠，然后把小丑背朝下放置好；把小球插在小丑的脚上，并把其他小球依次插好。

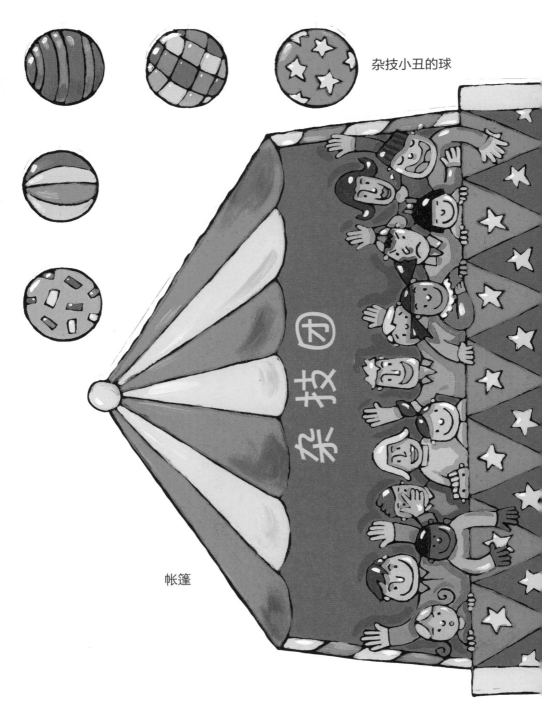

杂技小丑的球

帐篷

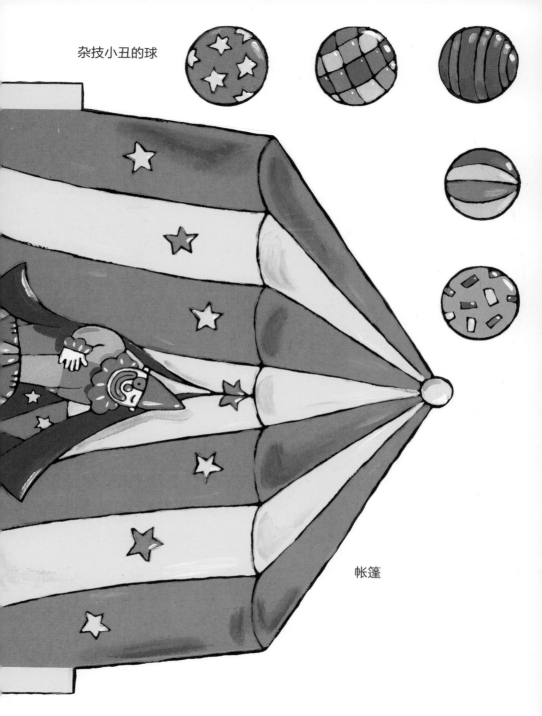

杂技小丑的球

帐篷

舞台

杂技小丑

舞台

杂技小丑

做平衡表演的小丑

走钢丝小丑

走钢丝小丑的伞

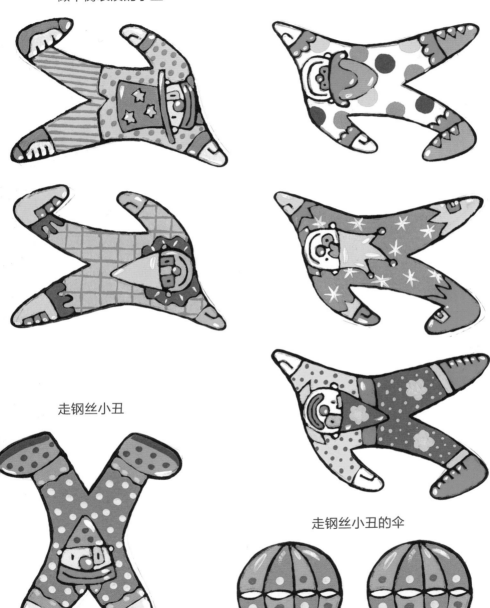

做平衡表演的小丑

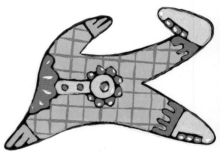

走钢丝小丑

走钢丝小丑的伞

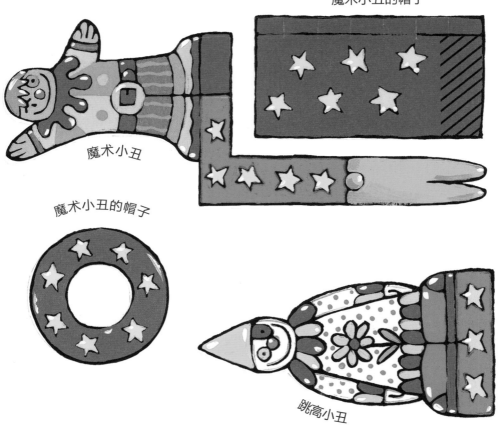

魔术小丑的帽子

魔术小丑

魔术小丑的帽子

跳高小丑

跳高小丑的蹦床

魔术小丑的帽子

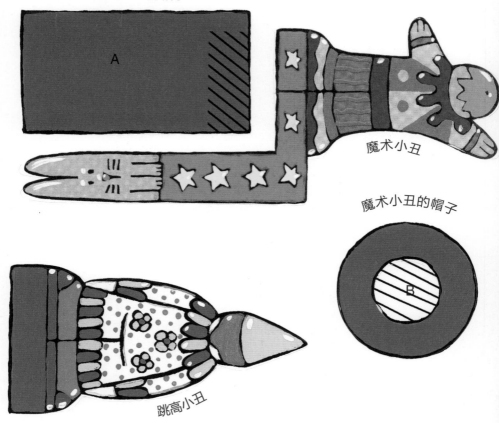

A

魔术小丑

魔术小丑的帽子

B

跳高小丑

跳高小丑的蹦床

D

C

小鸟杂技

做一只小鸟，让它帮你表演杂技！

你需要一支削尖的铅笔。

1. 把第17—18页的小鸟剪下来。

2. 按照小鸟身上的折痕把小鸟对折。

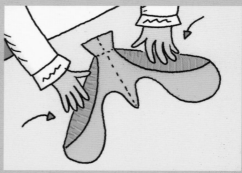

3. 按照小鸟翅膀上的折痕进行折叠。

4. 按照折痕把小鸟尾巴向上折。你的杂技小鸟准备好啦！

怎么玩儿小鸟杂技？

要想让你的小鸟停留在空中，就把它的嘴轻轻地放在你的铅笔尖儿上。

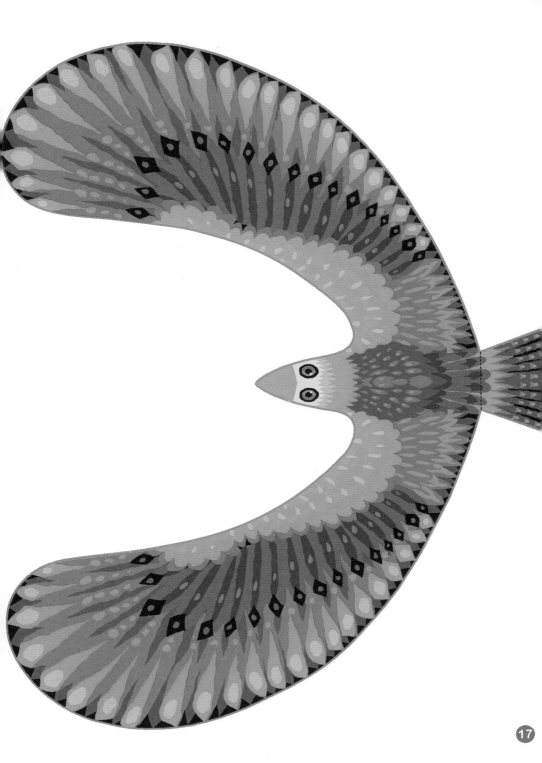

生活就是一本百科全书，火警电话不全是119，马戏团的小丑要戴红鼻头，农场里的母鸡能孵出小鸡，超市里买来的鸡蛋只会变成臭鸡蛋！这是为什么？那是为什么？生活中这样的趣味知识比比皆是。用一双好奇的眼睛来打量这个世界，一切都变得妙趣横生。百科即生活，生活是百科。与孩子一起来体验奇妙的生活百科，收获的不仅仅是知识，更有快乐和梦想。

——史军（果壳阅读图书策划人，科学松鼠会成员，植物学博士，出版多部畅销科普图书）

这套书强调的是和孩子进行互动，先看、后听、再理解，然后动手做相关的小制作和小活动，不仅文图精致，而且活动恰当，有吸引力，让孩子们一书多用。相信孩子们一定会喜欢这套"动眼、动口、动脑还动手"的少儿科普书。

——段玉佩（北京四中生物老师，科学松鼠会成员，央视少儿频道的常驻嘉宾，参加《芝麻开门》等多个科普节目）

这套书既介绍了大自然中有趣的博物学常识，又介绍了为我们的现代化生活提供便利的产业和职业，从而向孩子们呈现了现代世界的完整面貌。表面看来，这些知识全都围绕着日常生活打转——蔬菜水果啦，树木啦，餐具啦，钟表啦……然而，从这些孩子们常常接触、甚至是每天接触的东西出发，每一分册都对相关的一个知识领域做了纵深发掘。有些知识甚至是成人都未必知道的。

——刘夙（中国科学院植物研究所博士，果壳网知名作者，上海辰山植物园科普部工程师，科普作家）

对于低龄小宝贝而言，用这套书做科学启蒙最适合不过了。不同于市面上一般的低幼科普，这套书不仅仅涵盖了广泛的自然科学，还把相关的人文历史知识自然地融合其间。最难能可贵的是，颇具幽默感的多种互动和手工，牢牢抓住了小宝贝的兴趣点和心理需要。

——张欣（妈咪宝贝传媒主任编辑）

这套源于生活、用于生活的科普图画书实现了"学"与"玩"的结合，让孩子们真正"在学中玩，在玩中学"，在阅读、游戏、实验、手工中快快乐乐地学科学。

——王雁（华东师范大学学前教育博士）

绿色印刷 保护环境 爱护健康

亲爱的读者朋友：

　　本书已入选"北京市绿色印刷工程——优秀出版物绿色印刷示范项目"。它采用绿色印刷标准印制，在封底印有"绿色印刷产品"标志。

　　按照国家环境标准（HJ2503-2011）《环境标志产品技术要求 印刷 第一部分：平版印刷》，本书选用环保型纸张、油墨、胶水等原辅材料，生产过程注重节能减排，印刷产品符合人体健康要求。

　　选择绿色印刷图书，畅享环保健康阅读！

北京市绿色印刷工程

法国第一亲子科学书

爱上动手的科学书

热闹的农场

【法】西尔维娅·吉勒玛　娜塔莉·萨维 等 / 文

【法】托马·巴阿斯　雷米·萨亚尔 等 / 图

黄凌霞 / 译

人民文学出版社 天天出版社

手工我来做

著作权合同登记：图字 01-2014-8065

YOUPI SERIES

La ferme © Editions Bayard, 2013

Simplified Chinese translation copyright © 2015 by Daylight Publishing House

ALL RIGHTS RESERVED

图书在版编目（CIP）数据

热闹的农场.手工我来做 /（法）西尔维娅·吉勒玛等文 ;（法）托马·巴阿斯
等图 ; 黄凌霞译 . -- 北京 : 天天出版社 , 2019.7
（爱上动手的科学书）
ISBN 978-7-5016-1519-3

Ⅰ . ①热… Ⅱ . ①西… ②托… ③黄… Ⅲ . ①科学知识—儿童读物

Ⅳ . ① Z228.1

中国版本图书馆CIP数据核字(2019)第096187号

这本书属于：

亲爱的小朋友：

　　你了解花园、飞机的发展历史吗？你参观过消防队、杂技团吗？你知道农场、河流、树木、食物、时间的秘密吗？

　　就让我们一起跟着这套精美的"爱上动手的科学书"来了解它们的发展历史，解开它们的秘密，并和爸爸妈妈一起进行有趣的实验操作、制作好玩的玩具吧。

　　小朋友，我们一起把科学快乐地"玩"儿起来吧！

　　　　　　　　　　　　　　　　　　天天出版社

我会自己做

你喜欢玩儿玩具和做手工吗？
你可以做一个好玩的
像奶牛的存钱罐；
还可以建造一个小农场，
养很多可爱的小家畜。

P3：做一个奶牛存钱罐

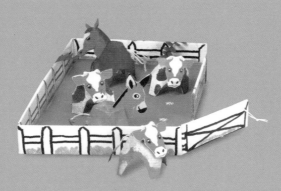

P5：建造一个小农场

做一个
奶牛存钱罐

你需要准备：

· 1个带盖的空牛奶瓶（500ml）

· 1支削尖的铅笔

· 2把塑料勺

· 2根带弯管的吸管

· 1把剪刀

· 2支毡笔：
1支黑色的，
1支红色的

1. 把瓶子上的商标去掉。用铅笔尖在瓶子上钻两个孔，在瓶子的另一侧也钻两个孔。

2. 做放零钱的口：用铅笔尖在瓶子上钻两个孔；把剪刀插进一个孔里，然后把这两个孔剪通。

3. 装饰存钱罐：用毡笔在瓶身上画出奶牛的斑点、眼睛和嘴巴。

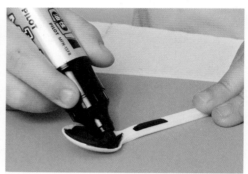

4. 把瓶盖和塑料勺都涂黑，然后晾几分钟，让颜料晾干。

5. 把塑料勺和吸管分别插进第一步中钻的孔里。盖上瓶盖。你的奶牛存钱罐做好啦！

建造一个小农场

你需要准备：
· 装鸡蛋的空纸盒
· 婴儿鞋的鞋盒（越小越好）
· 装蔬菜的网兜
· 胶水
· 颜料
· 一段绳子
· 几根毛线

1．将空鸡蛋盒按照每一个鸡蛋的部分剪下来，在上面画出动物的身体。

2．从第7—10页上剪下动物们的头。把猪、羊、兔和牛的头粘到画好的身体上；在鸡、驴和马的身体顶端开一个口，再将它们的头插进去。

小窍门
你也可以用面团或棉花做动物们的身体。
你还可以用毛线给牛、马和驴做尾巴。

牧场和围栏

把第11页上的围栏剪下来，并按照图示把围栏粘贴好。

在预留的洞里拴上一根绳子，这样就可以把围栏门关上啦！

鸡窝

把第13页上的房屋剪下来，并按照图示把墙壁和地板粘贴好。

然后把装蔬菜的网兜粘贴在上面，做成保护网。

兔子窝

把第15页上的兔子窝剪下来，并按照图示把墙和地板粘贴好。

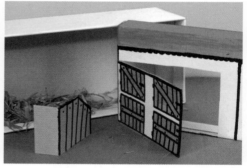

马厩

拿出鞋盒，在成人的帮助下，在鞋盒盖上开一个门：高为10.5厘米，宽为12.5厘米。

在门上粘贴上从第17页上剪下来的门，并按照图片所示装饰你的马厩，用颜料进行绘画和涂色。

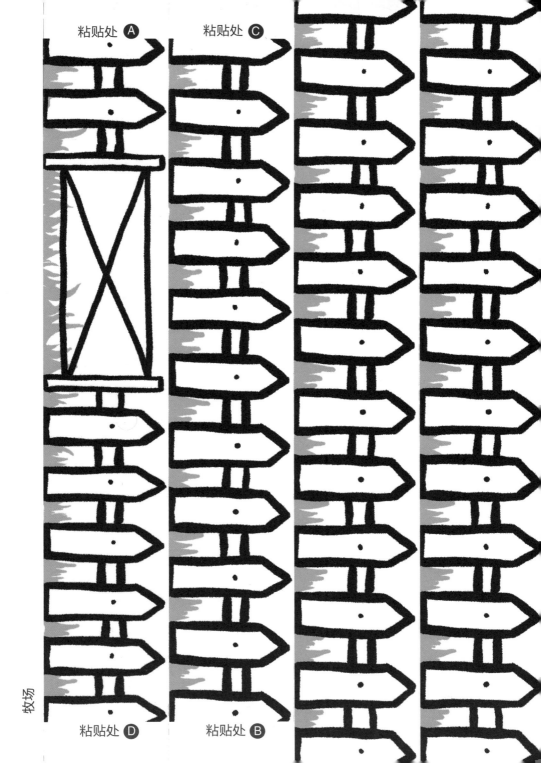

粘贴处 Ⓐ　　粘贴处 Ⓒ

牧场

粘贴处 Ⓓ　　粘贴处 Ⓑ

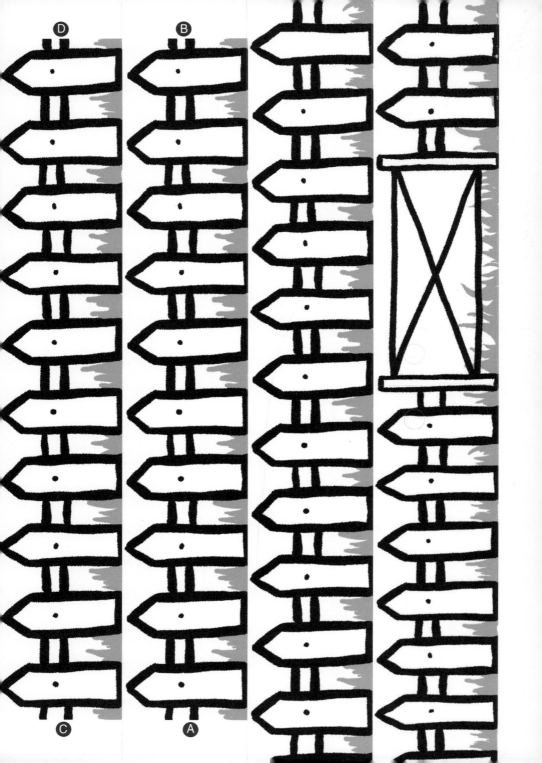

鸡窝

粘贴处 **A**

粘贴处 **C**

粘贴处 **B**

粘贴处 **D**

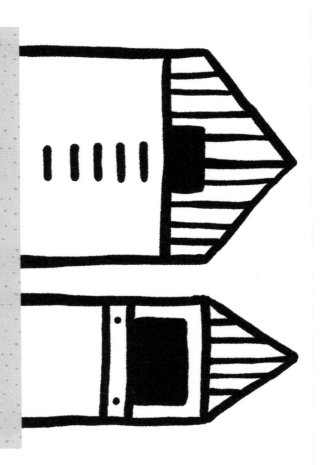

A

B

C

粘贴处 **B**

粘贴处 **C**

粘贴处 **A**

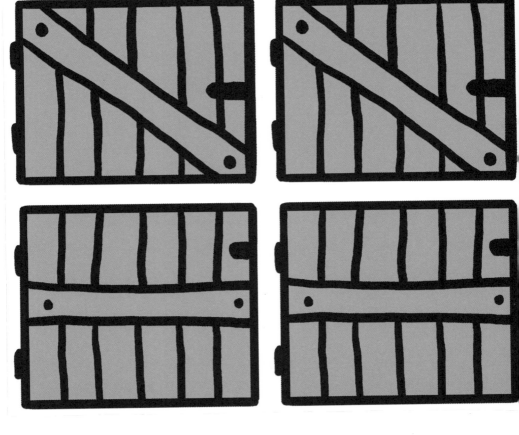

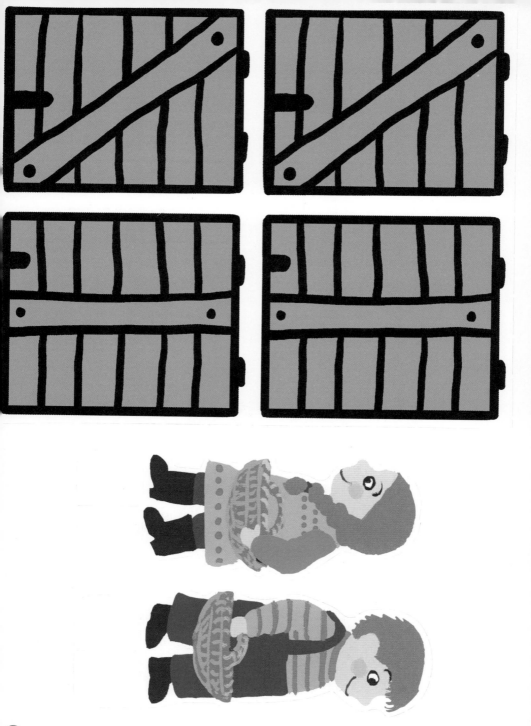

生活就是一本百科全书，火警电话不全是119，马戏团的小丑要戴红鼻头，农场里的母鸡能孵出小鸡，超市里买来的鸡蛋只会变成臭鸡蛋！这是为什么？那是为什么？生活中这样的趣味知识比比皆是。用一双好奇的眼睛来打量这个世界，一切都变得妙趣横生。百科即生活，生活是百科。与孩子一起来体验奇妙的生活百科，收获的不仅仅是知识，更有快乐和梦想。

——史军（果壳阅读图书策划人，科学松鼠会成员，植物学博士，出版多部畅销科普图书）

这套书强调的是和孩子进行互动，先看、后听、再理解，然后动手做相关的小制作和小活动，不仅文图精致，而且活动恰当，有吸引力，让孩子们一书多用。相信孩子们一定会喜欢这套"动眼、动口、动脑还动手"的少儿科普书。

——段玉佩（北京四中生物老师，科学松鼠会成员，央视少儿频道的常驻嘉宾，参加《芝麻开门》等多个科普节目）

这套书既介绍了大自然中有趣的博物学常识，又介绍了为我们的现代化生活提供便利的产业和职业，从而向孩子们呈现了现代世界的完整面貌。表面看来，这些知识全都围绕着日常生活打转——蔬菜水果啦，树木啦，餐具啦，钟表啦……然而，从这些孩子们常常接触、甚至是每天接触的东西出发，每一分册都对相关的一个知识领域做了纵深发掘。有些知识甚至是成人都未必知道的。

——刘夙（中国科学院植物研究所博士，果壳网知名作者，上海辰山植物园科普部工程师，科普作家）

对于低龄小宝贝而言，用这套书做科学启蒙最适合不过了。不同于市面上一般的低幼科普，这套书不仅仅涵盖了广泛的自然科学，还把相关的人文历史知识自然地融合其间。最难能可贵的是，颇具幽默感的多种互动和手工，牢牢抓住了小宝贝的兴趣点和心理需要。

——张欣（妈咪宝贝传媒主任编辑）

这套源于生活、用于生活的科普图画书实现了"学"与"玩"的结合，让孩子们真正"在学中玩，在玩中学"，在阅读、游戏、实验、手工中快快乐乐地学科学。

——王雁（华东师范大学学前教育博士）

绿色印刷 保护环境 爱护健康

亲爱的读者朋友：

　　本书已入选"北京市绿色印刷工程——优秀出版物绿色印刷示范项目"。它采用绿色印刷标准印制，在封底印有"绿色印刷产品"标志。

　　按照国家环境标准（HJ2503-2011）《环境标志产品技术要求 印刷 第一部分：平版印刷》，本书选用环保型纸张、油墨、胶水等原辅材料，生产过程注重节能减排，印刷产品符合人体健康要求。

　　选择绿色印刷图书，畅享环保健康阅读！

北京市绿色印刷工程

法国第一亲子科学书

爱上动手的科学书

花园是这样建成的

【法】西尔维娅·吉勒玛　娜塔莉·萨维 等 / 文

【法】托马·巴阿斯　雷米·萨亚尔 等 / 图

黄凌霞 / 译

人民文学出版社　天天出版社

手工我来做

著作权合同登记：图字 01-2014-8065

YOUPI SERIES
Au jardin © Editions Bayard, 2014
Simplified Chinese translation copyright © 2015 by Daylight Publishing House
ALL RIGHTS RESERVED

图书在版编目（CIP）数据

花园是这样建成的 . 手工我来做 /（法）西尔维娅·吉勒玛等文；（法）托马·巴
阿斯等图；黄凌霞译 . -- 北京：天天出版社，2019.7
（爱上动手的科学书）
ISBN 978-7-5016-1519-3

Ⅰ . ①花… Ⅱ . ①西… ②托… ③黄… Ⅲ . ①科学知识—儿童读物
Ⅳ . ① Z228.1

中国版本图书馆CIP数据核字(2019)第096026号

这本书属于：

亲爱的小朋友：

　　你了解花园、飞机的发展历史吗？你参观过消防队、杂技团吗？你知道农场、河流、树木、食物、时间的秘密吗？

　　就让我们一起跟着这套精美的"爱上动手的科学书"来了解它们的发展历史，解开它们的秘密，并和爸爸妈妈一起进行有趣的实验操作、制作好玩的玩具吧。

　　小朋友，我们一起把科学快乐地"玩"儿起来吧！

天天出版社

会 自 己 我 做

你喜欢玩儿玩具和做手工吗?
我们一起来开心地做一个
鸟巢、几只小动物和蝴蝶,
种一棵小苗和一块
漂亮的草地。

种一棵小苗

种一棵扁豆苗

你需要准备：
· 玻璃杯
· 棉花
· 1颗白色扁豆

1. 用水把扁豆泡一天。

2. 在杯子里塞满棉花，再把扁豆放在靠近杯壁的棉花上。

3. 几天之后，根长出来了。扁豆发芽了。

4. 接着，一根茎向上长出来，根继续向下长。

5. 然后，在茎上长出了叶片。只要有水，扁豆就能长成小苗。

记住，每天都要给它浇点水啊。

种一块草地

你需要准备：
- 棉花
- 1个玻璃杯
- 草籽
- 1张纸（大小要能包住玻璃杯）
- 毡笔
- 几种颜料
- 透明胶带

1. 把棉花放进玻璃杯。压一下，但不要压太紧，然后在棉花上洒些水。

2. 把草籽平铺在棉花上。

3. 在纸的中间画一张脸，并给脸涂上颜色，然后把耳朵和鼻子都剪开。

4. 用透明胶带把人脸图粘贴在玻璃杯外面。耐心一点儿，他的头发很快就会长出来了！

可爱的昆虫

在花园里捡一些植物材料（树叶、树枝、种子……），把它们组合起来，创造出这些可爱的小昆虫吧。

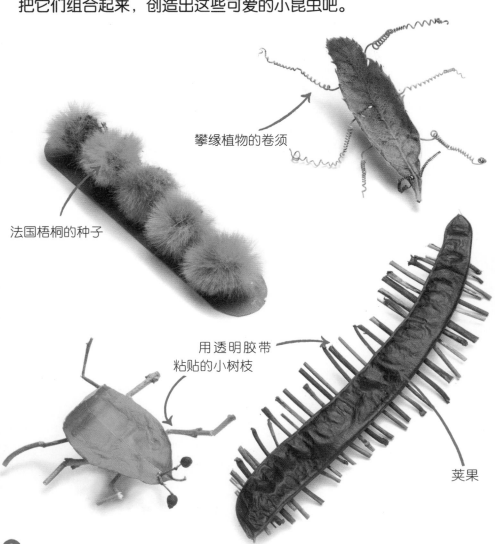

攀缘植物的卷须

法国梧桐的种子

用透明胶带粘贴的小树枝

荚果

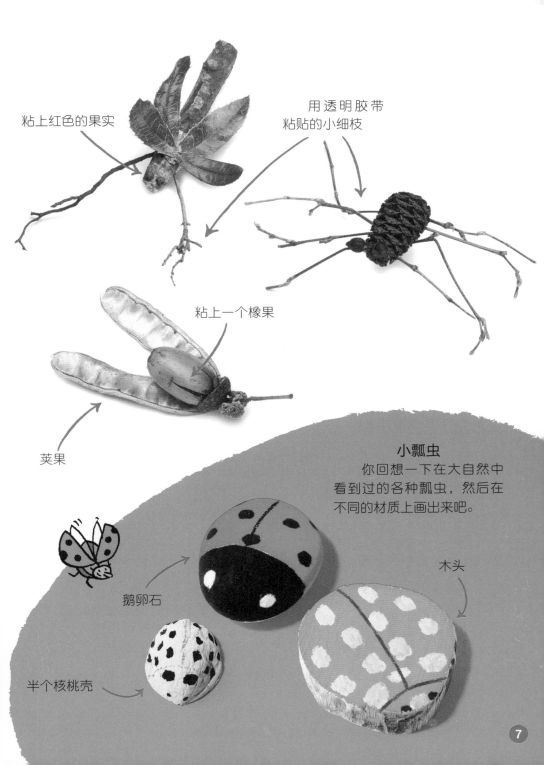

粘上红色的果实

用透明胶带
粘贴的小细枝

粘上一个橡果

荚果

小瓢虫
你回想一下在大自然中
看到过的各种瓢虫，然后在
不同的材质上画出来吧。

木头

鹅卵石

半个核桃壳

好玩儿的
纸蝴蝶

你需要准备：
· 彩色纸
· 彩色笔
· 透明胶带
· 剪刀
· 铅笔

8

这些美丽的蝴蝶正要飞走。快剪下它们，放到你的家里吧。

制作属于你自己的纸蝴蝶。

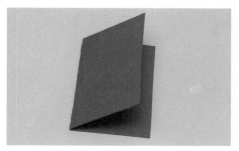

1. 剪一张正方形的纸，对折。

2. 在折起来的一边画出蝴蝶的一只翅膀。

3. 将翅膀剪下来，然后打开你的蝴蝶。

4. 在蝴蝶的一只翅膀上涂上颜色。

5. 把蝴蝶有颜色的一面对折，再打开。哦！漂亮的蝴蝶做好啦！

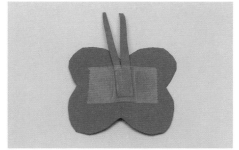

6. 蝴蝶的触须：把一张细纸条对折，然后用透明胶带粘在蝴蝶的背后。

小窍门
用透明胶带做个圈粘在蝴蝶背后，你就可以把蝴蝶粘在你想粘的任何地方了。

植物标本夹

你需要准备：
· 新采摘的鲜花
· 笔记本
· 透明胶
· 报纸
· 宽橡皮筋

1．把花放在笔记本上并压平，然后用透明胶带把茎粘贴在笔记本上。

2．在笔记本的那一页上放两张报纸。

3．把你的植物标本夹合上，并用宽橡皮筋绑紧。

在植物标本夹里，你可以收藏你最喜欢的花。把花园里最美的花粘在这里，并请把它的名字写在下面吧。

做一个鸟巢

1. 为了做好鸟巢，要把鸟巢上相应数字的位置粘贴在一起。

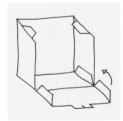

2. 折叠并粘贴鸟巢的两侧（把1—4粘贴好），然后折叠并安放鸟巢（把5—8粘贴好）。

3. 把屋顶粘贴好（把9—12粘贴好）。

4. 粘贴鸟的喙和栏杆（把13和14粘贴好），再把两只鸟儿连在一起（把15—18粘贴好）。

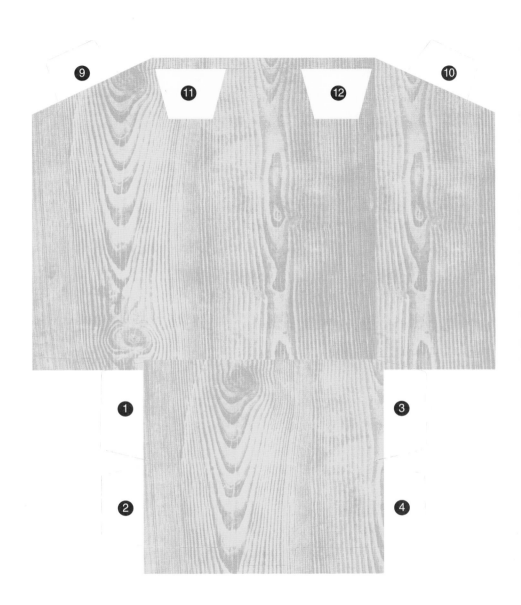

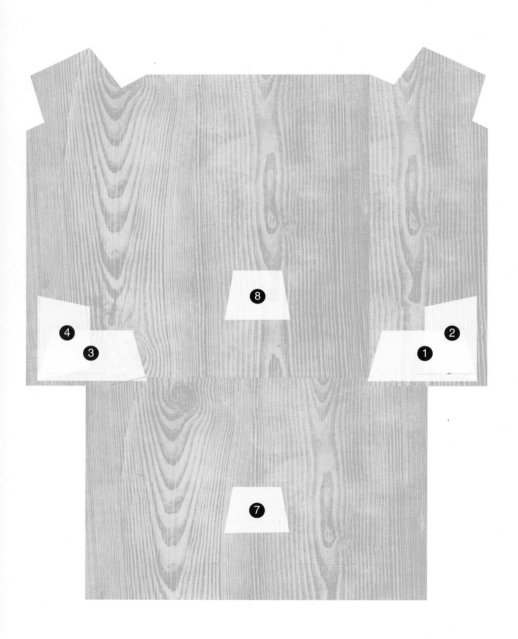

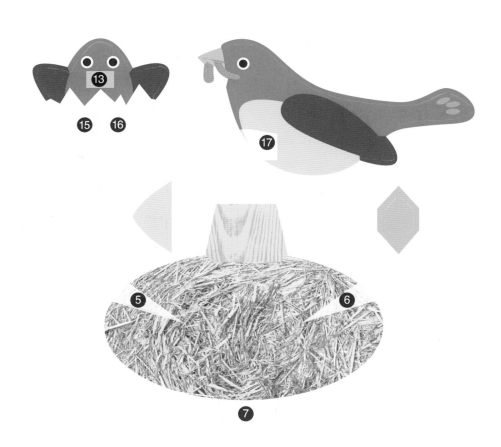

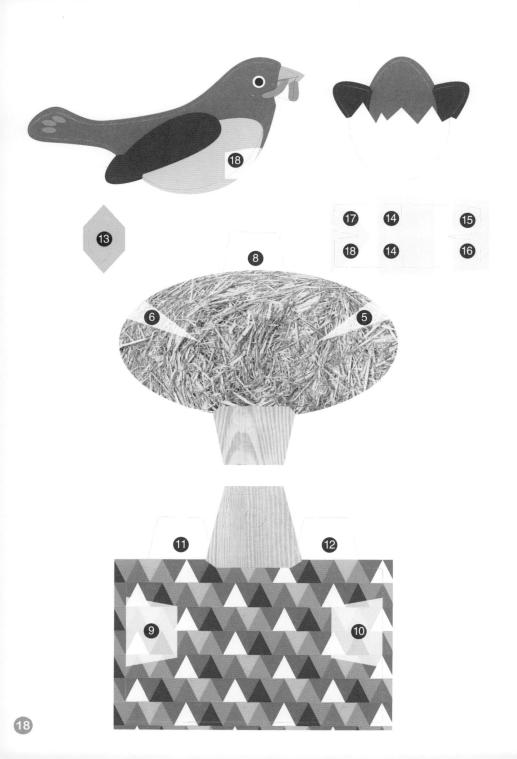

生活就是一本百科全书，火警电话不全是119，马戏团的小丑要戴红鼻头，农场里的母鸡能孵出小鸡，超市里买来的鸡蛋只会变成臭鸡蛋！这是为什么？那是为什么？生活中这样的趣味知识比比皆是。用一双好奇的眼睛来打量这个世界，一切都变得妙趣横生。百科即生活，生活是百科。与孩子一起来体验奇妙的生活百科，收获的不仅仅是知识，更有快乐和梦想。

——史军（果壳阅读图书策划人，科学松鼠会成员，植物学博士，出版多部畅销科普图书）

这套书强调的是和孩子进行互动，先看、后听、再理解，然后动手做相关的小制作和小活动，不仅文图精致，而且活动恰当，有吸引力，让孩子们一书多用。相信孩子们一定会喜欢这套"动眼、动口、动脑还动手"的少儿科普书。

——段玉佩（北京四中生物老师，科学松鼠会成员，央视少儿频道的常驻嘉宾，参加《芝麻开门》等多个科普节目）

这套书既介绍了大自然中有趣的博物学常识，又介绍了为我们的现代化生活提供便利的产业和职业，从而向孩子们呈现了现代世界的完整面貌。表面看来，这些知识全都围绕着日常生活打转——蔬菜水果啦，树木啦，餐具啦，钟表啦……然而，从这些孩子们常常接触、甚至是每天接触的东西出发，每一分册都对相关的一个知识领域做了纵深发掘。有些知识甚至是成人都未必知道的。

——刘夙（中国科学院植物研究所博士，果壳网知名作者，上海辰山植物园科普部工程师，科普作家）

对于低龄小宝贝而言，用这套书做科学启蒙最适合不过了。不同于市面上一般的低幼科普，这套书不仅仅涵盖了广泛的自然科学，还把相关的人文历史知识自然地融合其间。最难能可贵的是，颇具幽默感的多种互动和手工，牢牢抓住了小宝贝的兴趣点和心理需要。

——张欣（妈咪宝贝传媒主任编辑）

这套源于生活、用于生活的科普图画书实现了"学"与"玩"的结合，让孩子们真正"在学中玩，在玩中学"，在阅读、游戏、实验、手工中快快乐乐地学科学。

——王雁（华东师范大学学前教育博士）

绿色印刷　保护环境　爱护健康

亲爱的读者朋友：

　　本书已入选"北京市绿色印刷工程——优秀出版物绿色印刷示范项目"。它采用绿色印刷标准印制，在封底印有"绿色印刷产品"标志。

　　按照国家环境标准（HJ2503–2011）《环境标志产品技术要求 印刷 第一部分：平版印刷》，本书选用环保型纸张、油墨、胶水等原辅材料，生产过程注重节能减排，印刷产品符合人体健康要求。

　　选择绿色印刷图书，畅享环保健康阅读！

北京市绿色印刷工程

法国第一亲子科学书

爱上动手的科学书

飞机起飞啦

【法】西尔维娅·吉勒玛　娜塔莉·萨维 等 / 文

【法】托马·巴阿斯　雷米·萨亚尔 等 / 图

黄凌霞 / 译

人民文学出版社　天天出版社

手工我来做

著作权合同登记：图字 01-2014-8065

图书在版编目（CIP）数据

飞机起飞啦 . 手工我来做 / (法) 西尔维娅·吉勒玛等文 ; (法) 托马·巴阿斯
等图 ; 黄凌霞译 . —— 北京 : 天天出版社 , 2019.7

（爱上动手的科学书）

ISBN 978-7-5016-1519-3

Ⅰ . ①飞… Ⅱ . ①西… ②托… ③黄… Ⅲ . ①科学知识—儿童读物

Ⅳ . ① Z228.1

中国版本图书馆CIP数据核字(2019)第097425号

这本书属于：

亲爱的小朋友：

    你了解花园、飞机的发展历史吗？你参观过消防队、杂技团吗？你知道农场、河流、树木、食物、时间的秘密吗？

    就让我们一起跟着这套精美的"爱上动手的科学书"来了解它们的发展历史，解开它们的秘密，并和爸爸妈妈一起进行有趣的实验操作、制作好玩的玩具吧。

    小朋友，我们一起把科学快乐地"玩"儿起来吧！

                                        天天出版社

会

自

己

做

我

你喜欢玩儿玩具和做手工吗？
用一些简单的材料和一点儿技巧，
就可以做出让你快乐的东西哟！

漂亮的
飞机

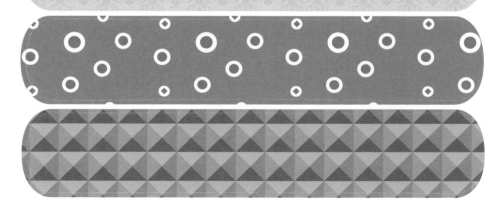

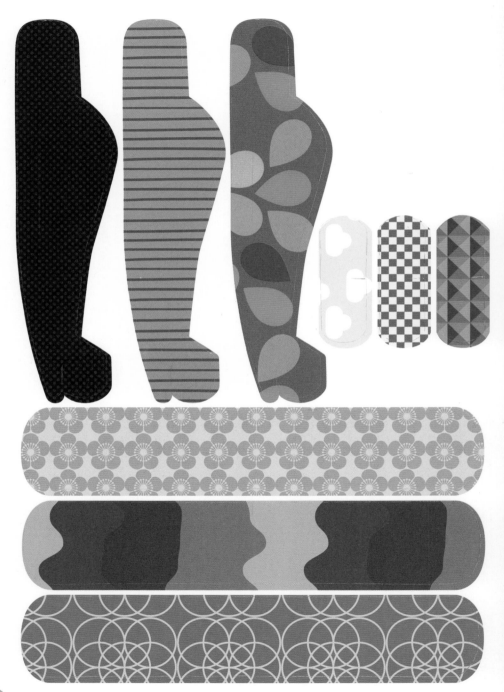

折一架纸飞机

要折一架纸飞机，只需要一张纸。

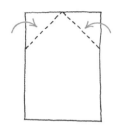 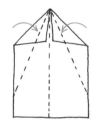 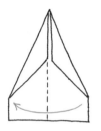

 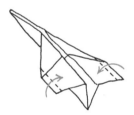 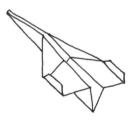

将这张纸按照图示依次折叠，一架纸飞机就折好啦。

更多的小技巧

像图中那样，用一块透明胶把纸飞机的两翼粘在一起，在每个机翼后端剪两个小口，并把左右两侧稍微向上折叠。

要想让你的飞机飞得更高更远，把它尽量举高，轻轻地向前抛出，并且方向要稍微向上。

做一架
飞机

你需要准备:

· 铝箔纸
（15厘米×20厘米）　· 胶水

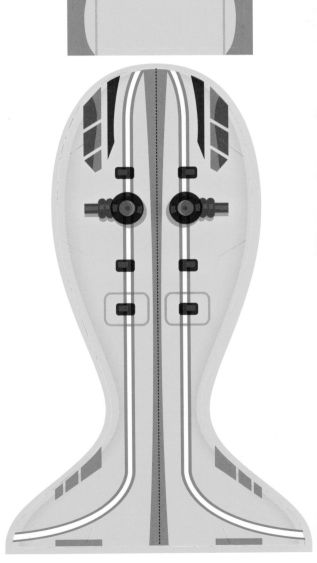

将机身对折，然后把机翼和副翼插入
机身上的卡槽内。

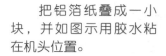

把铝箔纸叠成一小
块，并如图示用胶水粘
在机头位置。

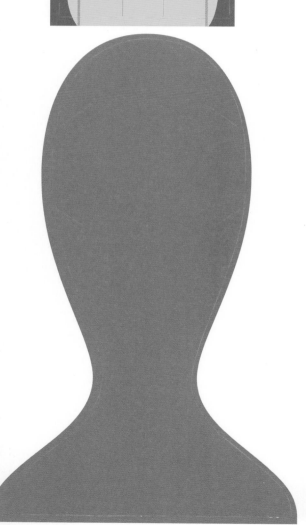

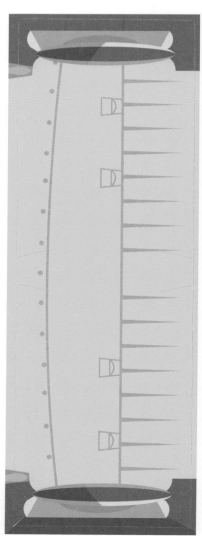

9

螺旋桨的秘密

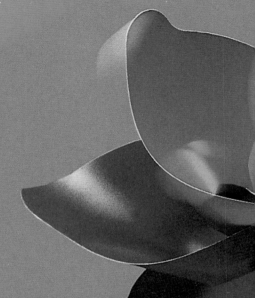

风可以让风车转动起来，你知道是为什么吗？
　　我们一起做个实验，你就明白了。

你需要准备：
· 2张正方形的厚卡纸（10厘米×10厘米）
· 2支铅笔
· 2枚图钉

1. 将一枚图钉从一张厚卡纸的正中心穿过，钉在铅笔的一端。

2. 对着纸吹气，看看有什么反应。

3. 用另一枚图钉、另一张厚卡纸和另一支铅笔，重复步骤1的操作。

4. 在卡纸上下两边中间的位置各剪一个口，剪到距离图钉一半的位置即可。

5. 将上下两个剪开的部分交错朝前折，再对着它吹一口气。你看到了什么？

为什么这样不会转？

方形的纸是平的。当我们朝它吹气时，纸在各个方向上的受力是均匀的，所以它不会转。

为什么这样就会转？

当风吹来时，它会转。

当我们朝这样的方形纸吹气时，被折起来的部分承受了更大的风力，所以就推动纸转了起来。

这张纸就成了螺旋桨的形状！

折叠起来的部分受力更大！

11

螺旋桨
转起来

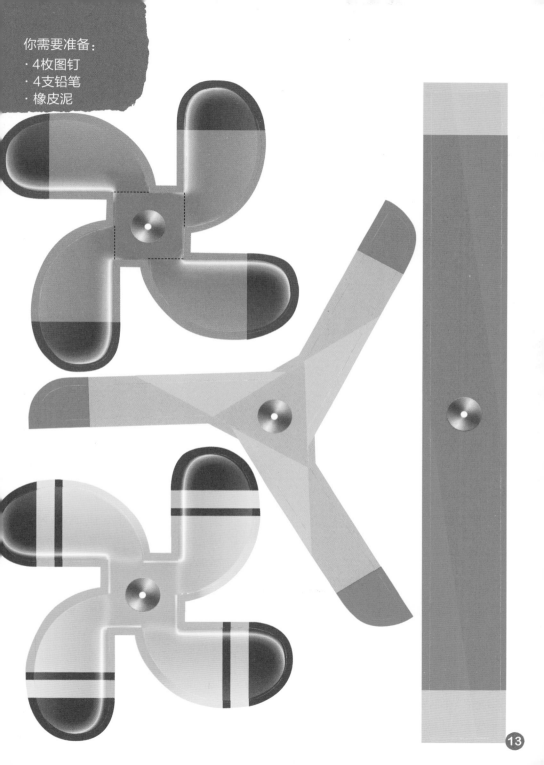

你需要准备：
· 4枚图钉
· 4支铅笔
· 橡皮泥

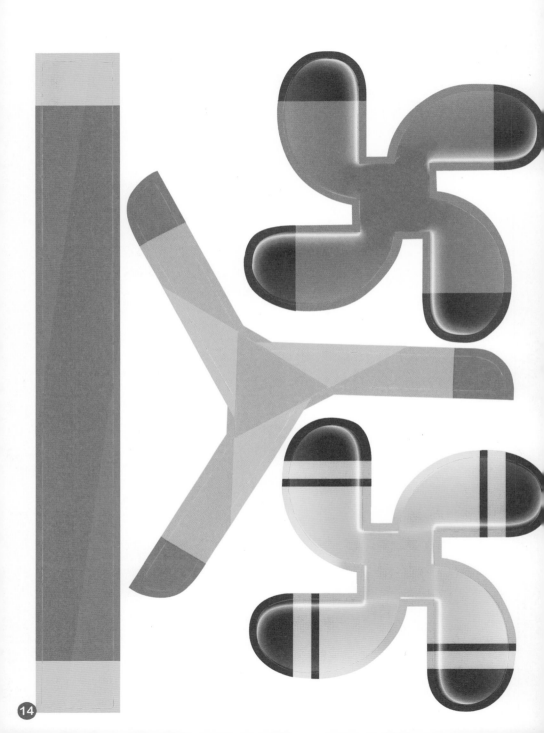

将螺旋桨用图钉分别钉到铅笔上。

再将铅笔牢牢地固定在橡皮泥里。

现在赶快
吹口气吧！

喷气式飞机
如何前进

这就是喷气式飞机。

它有两个喷气式发动机，
它们就像两个巨型的吹风机！

这两个喷气式发动机喷出的气体非常强劲，产生的力量能使飞机向前飞行……有些飞机的飞行速度能达到每小时1000公里，可以在一个小时内穿越法国。

模仿飞机的喷气式发动机

为了知道风是怎样把一个物体推动往前走的，我们来做一个非常有趣的实验吧。

1. 把毛线穿过吸管。

2. 把毛线系在两把椅子之间。

3. 把气球吹起来，并用手指捏住气球的口。

4. 请爸爸妈妈或其他人帮你用胶带把气球与吸管粘到一起。

5. 放开气球，"噗……"它在放气的同时飞快地向前移动！

17

做一架
直升飞机

这个直升飞机被风托起来，像陀螺一样旋转。

你需要准备：

· 1张纸

· 1把剪刀

1. 在纸上剪手掌宽的一张纸。

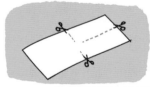

2. 按照图示把这张纸剪三下。

3. 把纸没有被剪开的一端向内折叠。

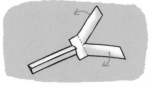

4. 再将两个"翅膀"向相反的方向折叠。

给你的直升飞机画上漂亮的图案吧。

高高地举起它，一放手，它就会飞下来了。

生活就是一本百科全书，火警电话不全是119，马戏团的小丑要戴红鼻头，农场里的母鸡能孵出小鸡，超市里买来的鸡蛋只会变成臭鸡蛋！这是为什么？那是为什么？生活中这样的趣味知识比比皆是。用一双好奇的眼睛来打量这个世界，一切都变得妙趣横生。百科即生活，生活是百科。与孩子一起来体验奇妙的生活百科，收获的不仅仅是知识，更有快乐和梦想。

——史军（果壳阅读图书策划人，科学松鼠会成员，植物学博士，出版多部畅销科普图书）

这套书强调的是和孩子进行互动，先看、后听、再理解，然后动手做相关的小制作和小活动，不仅文图精致，而且活动恰当，有吸引力，让孩子们一书多用。相信孩子们一定会喜欢这套"动眼、动口、动脑还动手"的少儿科普书。

——段玉佩（北京四中生物老师，科学松鼠会成员，央视少儿频道的常驻嘉宾，参加《芝麻开门》等多个科普节目）

这套书既介绍了大自然中有趣的博物学常识，又介绍了为我们的现代化生活提供便利的产业和职业，从而向孩子们呈现了现代世界的完整面貌。表面看来，这些知识全都围绕着日常生活打转——蔬菜水果啦，树木啦，餐具啦，钟表啦……然而，从这些孩子们常常接触、甚至是每天接触的东西出发，每一分册都对相关的一个知识领域做了纵深发掘。有些知识甚至是成人都未必知道的。

——刘夙（中国科学院植物研究所博士，果壳网知名作者，上海辰山植物园科普部工程师，科普作家）

对于低龄小宝贝而言，用这套书做科学启蒙最适合不过了。不同于市面上一般的低幼科普，这套书不仅仅涵盖了广泛的自然科学，还把相关的人文历史知识自然地融合其间。最难能可贵的是，颇具幽默感的多种互动和手工，牢牢抓住了小宝贝的兴趣点和心理需要。

——张欣（妈咪宝贝传媒主任编辑）

这套源于生活、用于生活的科普图画书实现了"学"与"玩"的结合，让孩子们真正"在学中玩，在玩中学"，在阅读、游戏、实验、手工中快快乐乐地学科学。

——王雁（华东师范大学学前教育博士）

法国第一亲子科学书

爱上动手的科学书

一棵树的一生

【法】西尔维娅·吉勒玛　娜塔莉·萨维 等 / 文

【法】托马·巴阿斯　雷米·萨亚尔 等 / 图

黄凌霞 / 译

人民文学出版社　天天出版社

手工我来做

著作权合同登记：图字 01-2014-8065

图书在版编目（CIP）数据

一棵树的一生. 手工我来做 / (法) 西尔维娅·吉勒玛等文 ; (法) 托马·巴阿斯等图 ; 黄凌霞译 . -- 北京 : 天天出版社 , 2019.7
（爱上动手的科学书）
ISBN 978-7-5016-1519-3

Ⅰ.①一… Ⅱ.①西… ②托… ③黄… Ⅲ.①科学知识—儿童读物
Ⅳ.① Z228.1

中国版本图书馆CIP数据核字(2019)第098095号

这本书属于：

亲爱的小朋友：

　　你了解花园、飞机的发展历史吗？你参观过消防队、杂技团吗？你知道农场、河流、树木、食物、时间的秘密吗？

　　就让我们一起跟着这套精美的"爱上动手的科学书"来了解它们的发展历史，解开它们的秘密，并和爸爸妈妈一起进行有趣的实验操作、制作好玩的玩具吧。

　　小朋友，我们一起把科学快乐地"玩"儿起来吧！

天天出版社

会 自 己 做 我

你喜欢玩儿玩具和做手工吗？
你将创造出一棵树和一个鸟巢。
用树枝树叶制作出一个
真正的艺术品吧！

创造一棵树

你需要准备：
· 剪刀
· 装有水的小碟子
· 一些牙签
· 1支彩色笔
· 1张咖啡过滤纸
· 1根橡皮筋

哇！

3

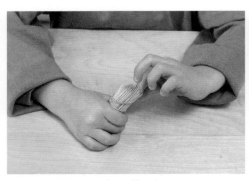

1. 用橡皮筋将牙签捆成一束，记得要捆得特别紧哟！

2. 用咖啡过滤纸剪出一个树的形状。

3. 用彩色笔在刚才剪的树根部涂上一个小色块。

4. 把这张纸上画了色块的部分夹在牙签里。

5. 将牙签整理成一束，然后把"小树"放到装有水的小碟子里。

小树人

你需要准备：
· 胶水
· 植物素材：坚果的壳、
  树皮、橡果……
· 白色涂改液

用你在树林里搜集到的植物素材来制作这些可爱的小人儿吧。

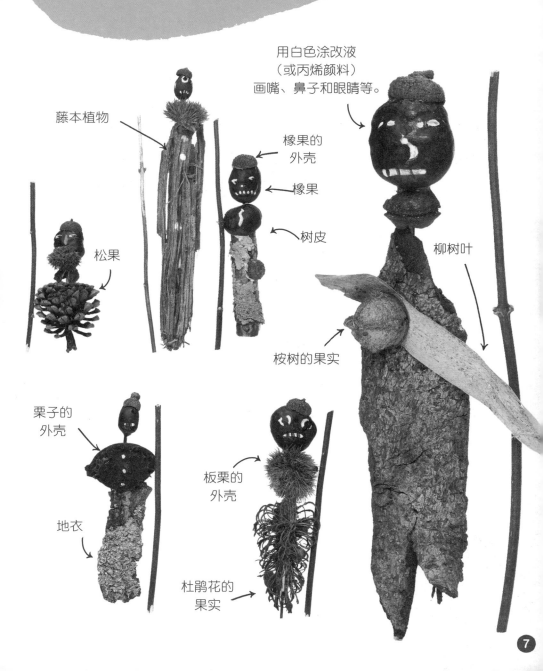

用白色涂改液（或丙烯颜料）画嘴、鼻子和眼睛等。

藤本植物

橡果的外壳

橡果

树皮

松果

柳树叶

桉树的果实

栗子的外壳

地衣

板栗的外壳

杜鹃花的果实

树的艺术品

你需要准备：
·树叶
·绘画颜料
·一小块海绵
·一点儿水

海绵模板

1.将树叶放在纸上。准备好颜料。

2.一只手按住树叶，另一只手用蘸满颜料的海绵沿着树叶的边缘涂抹。

3.把树叶拿开，你就可以欣赏它们的形状了。

树叶印章

1.取一块橡皮泥搓软，再用擀面杖把它擀平。

2.把树叶放在橡皮泥上，注意要把有叶脉的那一面贴在橡皮泥上。

3.用擀面杖在树叶上面擀，使树叶嵌入橡皮泥。

你需要准备：
·橡皮泥
·擀面杖

小心翼翼地取下树叶，叶脉图案就印上去了。

树干拓片

1. 将一张纸贴到树上。

2. 用铅笔在纸上平行划动。

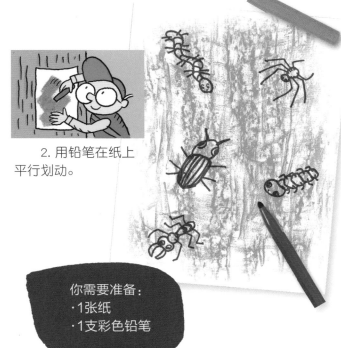

3. 在拓画上画出你在树干上看到的昆虫。

你需要准备：
· 1张纸
· 1支彩色铅笔

树叶拓片

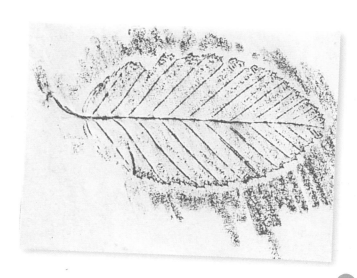

把一张纸蒙在树叶上，并用手固定住，不让纸移动。

然后用铅笔将这片树叶的轮廓和纹理拓画下来。

种下一棵
小树苗

你需要准备：
· 1个花盆
· 泥土
· 沙砾

1. 要想找到一棵小树苗，可以去大树的根部寻找，那里有许多从树上落下的果实发芽长大了。

2. 用铁锹把小树苗挖起来。

3. 将树根周围的土壤也一并挖出来。

4. 在花盆的底部先铺上一层沙砾。

5. 然后放上一些泥土。

要记得给小树苗常浇水，保持泥土湿润。当小树苗长大后，把它移出花盆，种到地里。

6. 将小树苗连同根部的土壤一起放进花盆。

7. 用泥土把小树苗埋好，并压实周围的土。

大自然的艺术贴画

用你的铅笔和本书最后的不干胶来装饰这些树叶画吧。

各种各样的动物

小小印第安人

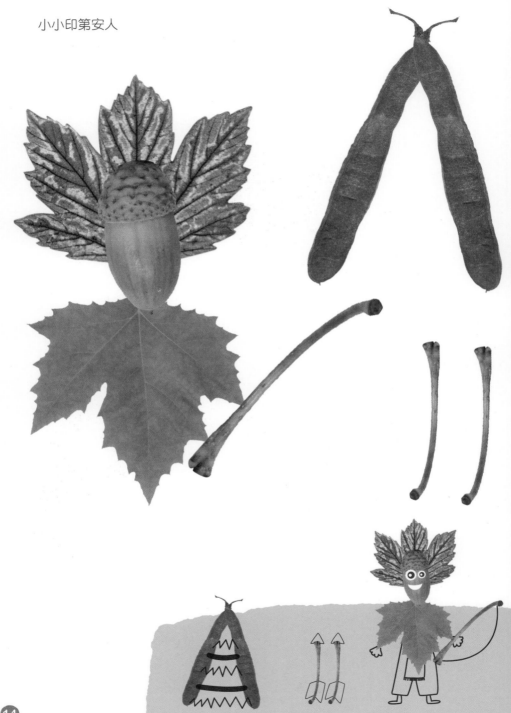

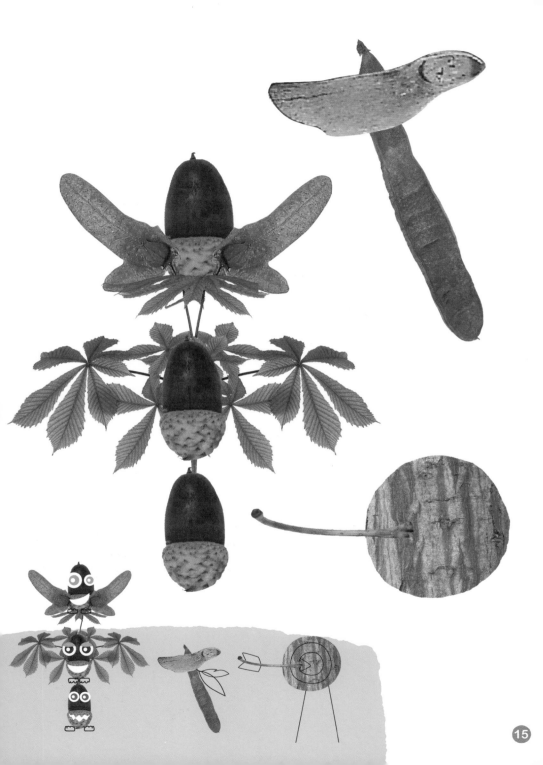

为小鸟建一个家

你需要准备：
- 1把切刀
- 1个长方体的空果汁盒
- 胶水
- 绳子
- 雪糕棒

1. 用热水冲洗果汁盒，并控干。

2. 如图所示，让爸爸妈妈或其他人帮助你在盒子的正面切开一个口，然后将口打开，并向上折。

3. 用雪糕棒（或树皮）粘贴在盒子外面做装饰。

4. 用绳子把鸟巢绑到树干上。

专家推荐

生活就是一本百科全书，火警电话不全是119，马戏团的小丑要戴红鼻头，农场里的母鸡能孵出小鸡，超市里买来的鸡蛋只会变成臭鸡蛋！这是为什么？那是为什么？生活中这样的趣味知识比比皆是。用一双好奇的眼睛来打量这个世界，一切都变得妙趣横生。百科即生活，生活是百科。与孩子一起来体验奇妙的生活百科，收获的不仅仅是知识，更有快乐和梦想。

——史军（果壳阅读图书策划人，科学松鼠会成员，植物学博士，出版多部畅销科普图书）

这套书强调的是和孩子进行互动，先看、后听、再理解，然后动手做相关的小制作和小活动，不仅文图精致，而且活动恰当，有吸引力，让孩子们一书多用。相信孩子们一定会喜欢这套"动眼、动口、动脑还动手"的少儿科普书。

——段玉佩（北京四中生物老师，科学松鼠会成员，央视少儿频道的常驻嘉宾，参加《芝麻开门》等多个科普节目）

这套书既介绍了大自然中有趣的博物学常识，又介绍了为我们的现代化生活提供便利的产业和职业，从而向孩子们呈现了现代世界的完整面貌。表面看来，这些知识全都围绕着日常生活打转——蔬菜水果啦，树木啦，餐具啦，钟表啦……然而，从这些孩子们常常接触、甚至是每天接触的东西出发，每一分册都对相关的一个知识领域做了纵深发掘。有些知识甚至是成人都未必知道的。

——刘夙（中国科学院植物研究所博士，果壳网知名作者，上海辰山植物园科普部工程师，科普作家）

对于低龄小宝贝而言，用这套书做科学启蒙最适合不过了。不同于市面上一般的低幼科普，这套书不仅仅涵盖了广泛的自然科学，还把相关的人文历史知识自然地融合其间。最难能可贵的是，颇具幽默感的多种互动和手工，牢牢抓住了小宝贝的兴趣点和心理需要。

——张欣（妈咪宝贝传媒主任编辑）

这套源于生活、用于生活的科普图画书实现了"学"与"玩"的结合，让孩子们真正"在学中玩，在玩中学"，在阅读、游戏、实验、手工中快快乐乐地学科学。

——王雁（华东师范大学学前教育博士）

绿色印刷 保护环境 爱护健康

亲爱的读者朋友：

　　本书已入选"北京市绿色印刷工程——优秀出版物绿色印刷示范项目"。它采用绿色印刷标准印制，在封底印有"绿色印刷产品"标志。

　　按照国家环境标准（HJ2503-2011）《环境标志产品技术要求 印刷第一部分：平版印刷》，本书选用环保型纸张、油墨、胶水等原辅材料，生产过程注重节能减排，印刷产品符合人体健康要求。

　　选择绿色印刷图书，畅享环保健康阅读！

北京市绿色印刷工程